小資男的
米其林之旅

童榮地｜著

摘星+體驗+美食+聚會，米其林成了疫情之下不能出國的最佳選擇。

米香
IMPROMPTU
BY
PAUL LEE
台南担仔麵
吉兆
LONGTAIL
明福台菜海產
SUr-

Onion Physalis

Water Prawn,
Avocado and Squash

上湯松茸煨黃耳

一品佛跳牆

Squid Suspension

老皮嫩肉

小羔羊排

干貝玉蘭花

太陽蛋襯菠菜起司米餅

紅豆糕

幻切牛舌

血腸國王派鴨肝松露

木材蛋糕

火焰片皮鴨

台南担仔麵

北海道、大極上
赤雲丹盛大葉

巧克力泡芙

布列塔尼藍龍蝦佐龍蝦醬汁

松露、鴨肝、車輪餅

乳鴿

生日麥芽糖

東坡肉

宇治金時最中

油條蒜蓉鮮蚵

金桔分子料理球凍

芝麻球

春泥

金箔松露盛和拼盤

後院

春風得意腸

秋刀魚握壽司

洋蔥湯

紅心芭樂冰沙

紅蟳米糕

紅蟳極品海鮮米糕

美國 FLANNERY
乾式熟成 21 日帶骨肋眼牛排

香酥鴨

員山、名物、子鮎

夏朵布里昂

海鮮焗木瓜

海葡萄

班蘭銅鑼燒

起司盤

鬼頭刀

紫米地瓜

焗釀鮮蟹蓋

菜脯蛋

雅閣叉燒皇

雅閣脆皮雞

黑豬/羅望子

義大利麵

塔香馬祖淡菜

綠星濃湯

綿密豆腐

蜜汁靚叉燒
與黃金脆耳凍拼盤

龍井蝦仁

鮪魚中腹握壽司

鮪魚香腸

鮭魚卵小丼

雙釜飯

鰻魚、薄餅、高山水梨

嚴選生魚片

檸檬紫蘇冰沙、梅子汁

白帶魚

麵包籃

蛤蜊鮑魚清湯

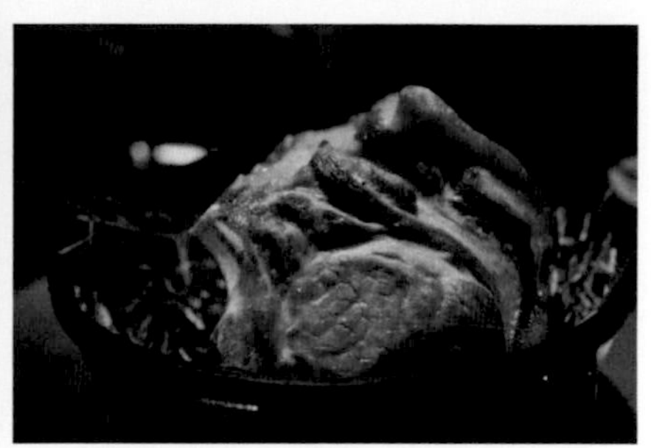

一整塊帶骨的豬里肌

大腕燒肉

日本和牛 SHABU

木瓜牛奶與烤吐司

古早味炒米粉

玉米鴨肝餃

安格斯牛小排
佐鴨肝

美國頂級乾式
熟成肋眼牛排

炸豆腐奶

香烤台灣究好豬排

香檳

海南雞飯

悄悄話

茶碗蒸

海膽烏參煨麵

馬糞海膽軍艦壽司

梅干菜扣肉

凱何牛肉麵

野菜山蘇

無花果吐司

Beeswax Foie Gras

雅閣炒飯

碳烤野生烏魚子

綠野

辣椒肉

壽桃

宋嫂魚圓羹

蓬萊排骨酥

樹子蔭瓜龍虎斑

澳洲 7+和牛紐約客

鮑魚糯米雞

鮮蝦漢堡

臘腸、松露、越光米

鱈魚白子

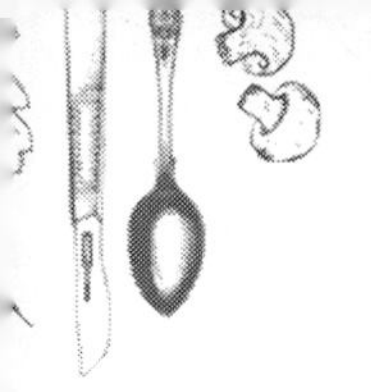

序

臺灣充滿各式各樣的美食，米其林星級餐廳更是屬於其中的翹楚，但礙於價位一直猶豫不前。第一次接觸星級餐廳是朋友招待的大三元酒樓，終於明白了一分錢一分貨的道理，星級餐廳雖然價格不菲，但不論是食物的美味度，環境的舒適度與服務的細膩度，都極具水準，算是對星級餐廳留下了相當美好的第一印象。

有了一星的經驗後，決定直接跳級臺灣唯一的三星餐廳，在頤宮的包廂舉辦慶生。像皇宮一般的裝潢，無可挑剔的服務與道道接近極致美味的料理，如劉姥姥進大觀園，見識到了臺灣食界的頂點。片皮鴨火焰燃起時的震撼，生日壽桃端上桌時的感動，都比不上當天用餐時，因爲新冠疫情升級爲二級警戒的驚恐，室內集會活動不得超過 100 人，差點就無法好好吃完這場難得的生日大餐。

緊接著升級爲三級警戒，全臺餐廳禁止內用，才知道過去一年半，臺灣處於平行世界中，眞正的疫情現在才算是開始。閉關期間，深感人生無常，美好日子隨時會突然喊停，幾經思考，發現人生並未好好的品嚐過臺灣美食，如果就此染疫而失去味覺甚至逝世，豈不遺憾！於是，計劃一旦疫情趨緩，餐廳內用解禁之後，就要吃遍臺灣所有米其林星級餐廳，開啟了小資男的米其林之旅。

一開始天真的以爲只要捨得付錢，就能夠盡情享用所有星級餐廳的美食。沒想到訂位、找伴、點菜，樣樣都是學問。星級餐廳原本就僧多粥少，在因爲疫情無法出國之後，更成了饕客與網美的首選，其中幾間較熱門的餐廳，訂位之難，簡直成了都市傳說。除了搶位困難之外，找志同道合的同伴更顯艱辛。有餐廳不接受一人用餐，也有餐廳只提供多人的桌菜，摘星路上無法像一人自由行一般，說走就走，定要攜伴同行，有時還需要很多個伴才行。

每家餐廳的訂位方式不一，有的一次開放一整季，一旦錯過，就要再等三個月。大部分是月初接受次月的訂位，沒訂到就是再等一個月，有的餐廳只接受一週內的訂位，完全無法事先規劃行程。遊戲規則雖然不同，但唯一的共同點就是幾乎在開放訂位的半小時內，位子就會全部被搶光。可以說，搶星級餐廳的位子就跟搶熱門時段的機票一樣困難。

好不容易找到想共享星級美食的人，訂位前也先溝通好了時間，結果訂位之時，搶不到原本規劃的時間，只能趕快協調新的用餐時間，一來一往，只見位子逐一消失，最後只能感嘆下月再戰。爲避免憾事一再發生，只好先付訂金甚至全額餐費搶下位子，如果眞有不能來的朋友，只好自己承擔風險，找尋其他可以配合時間的餐友。

即使是相對便宜的星級餐廳，價位通常也比一般的高級餐廳來得高，願意付這個價位吃飯的人，正常對菜色會有相當主見。對吃高級料理沒有興趣的人，則壓根兒不會想付這麼貴的餐費。有錢的人沒時間，有時間的人沒錢，就算

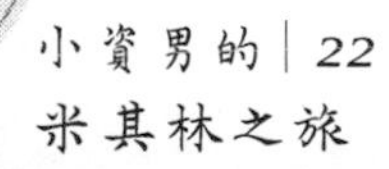

剛好湊在一起，對於要點哪些菜色也會充滿意見。於是，10 人甚至 20 人的桌菜難度，除了要喬時間與湊人之外，如何協調出一份面面俱到的菜單，就成了一大挑戰。

臺灣在 2021 年有 1 家三星餐廳，8 家二星餐廳與 25 家一星餐廳，共 34 家。若將曾經拿過一星的 MUME、大三元酒樓、台南担仔麵與綠星的陽明春天算進去，則有 38 家星級餐廳，La Cocotte 則是因爲歇業，無緣一嚐。即使是吃貨，要集滿全星星也不是件容易的事，對米其林的門外漢而言，更是挑戰重重。從 2021 年 8 月 29 日第一家態芮開始，一直到 2022 年 3 月 18 吃完澀，足足花了近七個月的時間，才幾乎吃完所有的星級餐廳。其中明壽司一直等到 2022 年 5 月才能去用餐，鮨天本則是用盡了所有方法，仍然只能抱憾，未竟全功。

快樂會因爲分享而有加倍的效果，美食的體驗亦是，整個計劃最困難的部分就是二個人要一起走完，所以不會出現一個人爲了摘星去湊團的情形。但二個人要能每一餐都能相伴而行，難度比一個人或跟不同人一起摘星，不知道要高出多少。最終，二個人一起走完除了鮨天本以外的 37 家星級餐廳，鮨天本也因爲堅持一定要二個人同行，或多或少錯過了一些可以單獨被帶去用餐的機會，這是遺憾，也是堅持。訂位、湊人、點菜本就不是件容易的事，中途難免遇到不少挫折與爭吵，好幾次想放棄這個花錢耗時費力的計劃。

所幸，湊人雖然辛苦，卻意外變成了與老朋友重逢的契機。以前，需要藉由婚禮或同學會，才能有個名目大家一起吃頓飯。有了米其林計劃之後，摘星的成就感、星級餐廳的頂級體驗、好看又美味的絕佳料理，還有朋友同學間的故人情誼，在這四大誘因下，即使星級餐廳價位驚人，依然順利克服了幾次包廂與桌菜的考驗。

最後，以野人獻曝的心情，獻上這幾個月所經歷的小資男的米其林之旅。

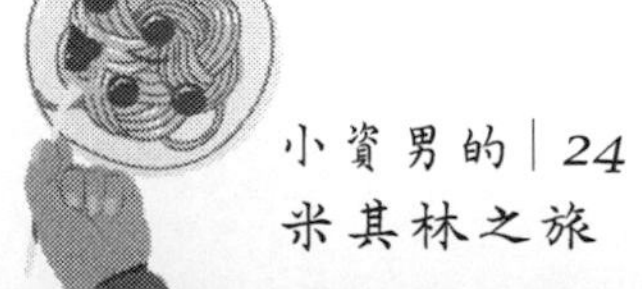

目錄

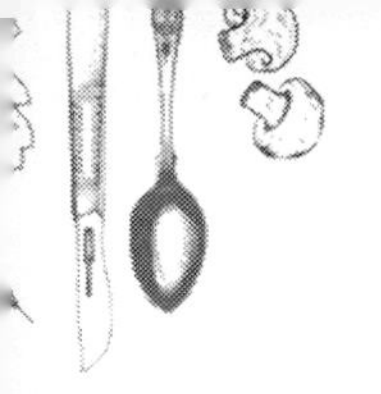

態芮

2021 年｜米其林二星★★

2021/8/29（日）｜用餐人數：2 人

「態芮」2018 年榮獲臺北米其林一星，接著從 2019 起，連續三年獲得二星殊榮，是在臺灣料理界佔有一席之地的餐廳。態芮——Tairroir，名字取自於 Taiwan（臺灣）字首與法文 Terroir（風土）字尾，融合而成，象徵以法式料理展現臺灣文化與風土名情，希望讓世界認識臺灣的美。

座落於美麗華旁的高樓，當電梯門一開啟，印入眼簾的便是深刻弧形吧臺，其形狀代表的是臺灣山環水繞，景致合一的美景，同時象徵主廚對於料理的熱忱與思維，如同天際線一般，高低起伏，極具設計美感。

步入餐廳內部，經過特別設計的空間感與柔和的光線，使坪數不大的環境營造出舒適的氛圍，呈現出寬敞的視覺感。全透式廚房更是一大特色，讓人能一探究竟，廚師們用心的備料、烹調與擺盤，埋首於工作熱忱中的料理人背影，特別使人感動，也讓人更加用心品嚐料理所帶給來的溫度，快樂是會傳遞的，幸福也是。

本次餐點是三級解封後，態芮開放內用，也是蟬聯 2021 米其林二星後的第一份菜單—凱式快閃套餐（Kaisa Menu）。由於爲期間限定套餐，只維持一個月，不禁令人好奇，疫情之下的產物究竟有何獨特之處？正値防疫期間，一坐定位，服務生第一件事就是送上口罩套，是個藍色信封，上面印有T的燙金字樣，代表態芮，設計簡單而優雅。

首先爲五道小菜，從開頭就能感受到滿滿的在地家鄉味，不論是一般小吃攤或是中式餐廳、不論是開胃菜或下酒菜，到餐廳先點上幾盤小菜是臺灣人的習慣，是不可或缺的存在。五道小菜分別爲台式漬泡菜、卡門貝爾/豆豉糯米椒、煙燻皮蛋雞腿捲、金沙杏鮑菇、龍鬚菜/熟蛋酒醋醬。

台式泡菜是最熟悉的古早味，看似稀鬆平常，卻在這幾道小菜中扮演靈魂角色，酸酸甜甜正好中和了後四者的鹹度與重口味，提升了整體的層次感，讓人懷念起白飯配泡菜便能吃下好幾碗飯的童年時光。

卡門貝爾乳酪屬於重口味的起司，上頭以同樣屬於重口味的豆豉糯米椒點綴，拌上些許肉燥，殊不知兩者搭在一起，竟讓那爽快的辣中和掉乳酪濃郁的鹹，像是衝撞在一起的火花，碰撞出不同色彩的景致。

雞腿捲肉質軟嫩不柴又多汁，一口咬下同時能嚐到雞皮、雞肉和皮蛋的口感，帶有濃郁煙燻香氣，搭配甜麵醬恰到好處。

金沙杏鮑菇令人印象深刻，濃郁的鹹蛋黃香氣，搭配爽脆的杏鮑菇，不論是口感或是味道上都美妙的融合在一起。

龍鬚菜造型可愛，做成圓餅形狀，一旁以熟蛋酒醋醬點綴相當精緻，搭配偏酸的酒醋醬能提升層次。

干貝酪梨小巧精緻，裡頭以食用花與鮭魚卵點綴，有如

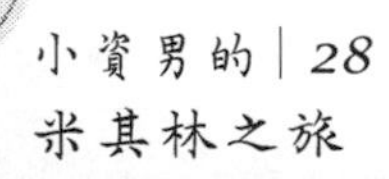

一個五彩繽紛的小花籃。底層的酪梨與干貝搭配上鮭魚卵與炸蕎麥，層次豐富，鮭魚卵在口中化開，帶上炸蕎麥酥脆的口感搭配柔軟的鮭魚與干貝，有如戳破了氣球，裡頭滿滿的禮物宣洩而出，令人驚喜連連。

古早味雞捲，是高級版的龍鳳腿，餡料豐富多汁，蘸上甜辣醬讓童年回憶都湧了上來，搭配小黃瓜清爽解膩，把甜味帶了出來。

紅油抄手的醬汁到餛飩皆爲態芮自製，醬汁層次豐富、後勁十足，入口微辣，尾勁帶甜，最後尾韻再一層辣，搭配皮薄餡多的餛飩，簡單卻美味。

凱何牛肉麵終於上場，先倒了一小杯牛肉清湯，湯頭內還有一片澳洲黑松露，有別於一般紅燒牛肉麵，湯頭清爽微酸，尾韻會回甘，富有層次。牛肉麵搭配的是日本和牛與牛舌，和牛以洋蔥拌炒過，味道上更有記憶點，與臺式鐵板牛肉味道相仿，牛舌口感富彈性，麵條爲自製圓細麵，口感偏軟，吸飽湯汁後香氣十足，搭配爽脆酸菜一同入口，又別有一番風味。

甜點爲柚酸梅湯，底層爲童年最熟悉的棉花糖，再鋪滿酸梅湯碎冰，清爽解膩。

木瓜牛奶與烤土司的外型像兩隻鶴，入口即化，帶有甜甜的焦香，搭配木瓜牛奶冰淇淋，蘸上起司醬，是一道兼具層次與美感的甜點。

茶飲搭配兩個小茶點，分別爲鐵觀音巧克力棒棒糖與百香果棉花糖，棒棒糖巧克力糖衣脆且不過甜，裡頭爲鐵觀音冰淇淋，搭配茶飲清爽又沒有負擔，棉花糖口感綿密，且吃得到百香果籽。

整套餐點下來，可以明顯感受到主廚以臺灣味爲核心再加以點綴，擺盤雖非華麗，卻相當有親切感，讓人想起童年時光，最用心的部分是餐廳的選歌皆爲臺灣歌手的歌曲，在享用主餐時正好播放著伍佰的老歌，別出心裁的設計極具意義，使人看見臺灣在地美食也能有如此藝術性的詮釋。雖爲二星，訂位卻比其他星級餐廳相對容易，甚至當天也有訂到位子的可能，價位在星級餐廳屬中等，是二星入門的好選擇。

2人費用：

套餐：2,500*2=5,000

氣泡水：350

水：150

總計：5,500+10%服務費=6,050

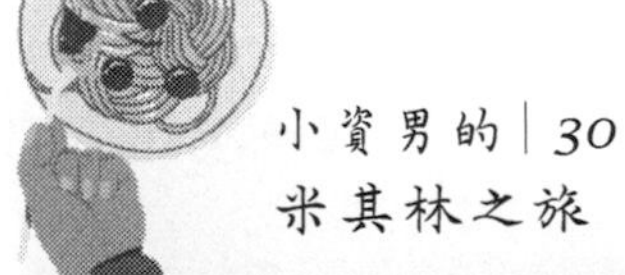

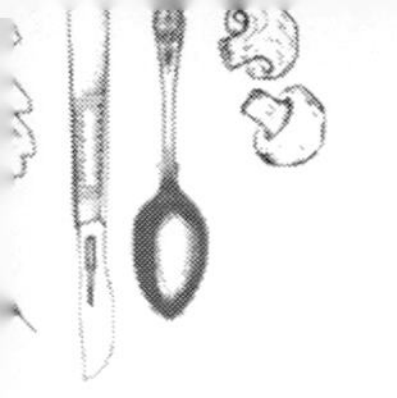

天香樓

2021 年｜米其林一星★

2021/9/12（日）｜用餐人數：4 人

這一頓米其林一星料理，訂位雖然相對容易，卻讓人印象深刻。當天是颱風天，全臺多個縣市，包括雙北市都是停班停課的狀態，許多百貨公司與餐廳都未營業，因此從早到晚都在等候「天香樓」的消息，不斷祈禱難得喬好的四人時間，不會因爲颱風而影響這次的美食饗宴。

就在下午四點多，天香樓來電告知用餐行程將如期舉行，於是興奮地前往亞都麗緻大飯店，門口服務生貼心收傘動作，未進大廳就感受到五星級飯店的服務，在前往位於地下一樓的天香樓過程中，映入眼簾盡是精緻高貴的裝潢擺設，充滿奢華氛圍。

天香樓以重手工、費功夫的道地杭州菜聞名，寬敞的空間與柔和的灰色調，悅耳的輕音樂，讓人非常舒適自在。周圍還有書法字與西湖十景山水畫環繞，每一幅都獨具意義。牆上還有四幅董陽孜女士的書法作品，氣勢非凡。平時會有書法家駐店，親自手寫當日菜單給每一桌的客人，可惜因爲颱風天，書法老師休假一天，只能拿到事先寫好的菜單作爲紀念。

前菜是酒香濃郁的醉雞，雞腿肉質彈嫩入味，香氣直衝腦門，讓人措手不及，尾勁強烈，齒頰留香。溏心燻蛋的煙燻氣味濃厚，上菜時以罩子罩住，掀開後會有一縷輕煙冒出！杭式燻魚微甘中帶有淡淡燻香，選用魚肚部位，口感軟嫩，煎炸過後的外皮酥脆可口。

接下來是家喻戶曉的龍井蝦仁，天香樓的必點菜色，蝦仁白裡透粉，上頭還有綠葉點綴，外觀精緻奪目。蝦仁味道鮮甜多汁，口感軟嫩富有彈性，淋上特製的醋後，入口先酸後甘，尾韻帶出蝦的香，令人回味無窮。

隨後上來的是宋嫂魚圓羹，可以一次品嚐到宋嫂魚圓羹與杭州魚圓兩道傳統杭州名菜，湯頭料多鮮甜，裡頭有魚丁與碗豆，軟嫩的肉配上清脆的豆。一口咬下傳說中的杭州魚圓，入口彈性，裡頭卻像豆腐一樣軟嫩，只有驚人的料理技術，才能製作出如此獨特、有別於魚漿丸的魚圓。

下一道菜是生爆鱔背與精釀糟香圓鱈魚。鱔背肉質扎實有彈性，外皮炸得酥脆，淋上以鎮江醋爲基底調製出的特製醬汁後，風味獨特，像是高級版的鹹酥雞。鱈魚也不遑多讓，以紹興酒糟醃製入味再加以烤熟，味道濃郁，醬汁鹹甜，魚肉厚實多汁，口感外脆內嫩，一旁還附上特調的陳年紹興酒醬汁，可以直接飲用，或者淋在魚肉上，小飲一口發現酒精濃度相當高。

天香樓的門面便是著名詩人蘇軾發明的杭州名菜東坡肉，帶皮的五花肉令人垂涎三尺，肥美的五花肉相當巨大，無法輕易用筷子夾起整塊肉，輕咬一口後，肥瘦比例適中，不會過於油膩，與醬蘿蔔配飯，食慾大振，米飯粒粒分明，香氣十足。

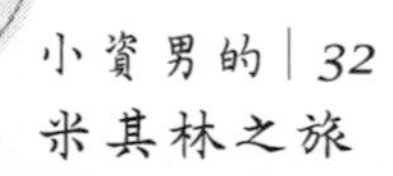

飯食之後是蒜子黃魚煨麵，煨麵是江浙一帶普遍烹製麵點的方式，把麵條加入燉煮好的黃魚白湯一同煨煮，黃魚肉質細嫩，麵條爲細軟麵，搭配蒜香濃郁的湯頭，鮮甜不膩口，顏色濃郁，入口卻清甜可口。

酒釀甜湯圓裡頭有一顆手工芝麻湯圓，與數顆小湯圓，口感細緻軟嫩、入口即化，甜湯帶有酒香與桂花香，飲用起來舒適無負擔。

原汁核桃糊是新鮮的核桃打成泥狀成糊，香氣濃郁，質地濃稠，香甜可口，甜而不膩。

位於五星級的亞都麗緻大飯店之內，用餐環境只能用華麗尊貴來形容，爲了搭配菜色，室內設計仿造西湖十景，營造出景觀與料理合而爲一之感，好似眞在杭州用餐一般。經典招牌料理盛名之下無虛菜，道地功夫料理聞名不如親嚐，其他菜色即使沒有驚艷，也絕對不失分。口味道地，服務細緻，價位親切，訂位容易，在滿是法餐、日料與臺菜的星星之中，天香樓的杭州料理絕對扛得起這一顆星。

4人費用：

杭風印象套餐：2,000*2=4,000
天香經典套餐：2,800
風荷雋品套餐：3,600
水費：220
總計：10,620+10%服務費=11,682

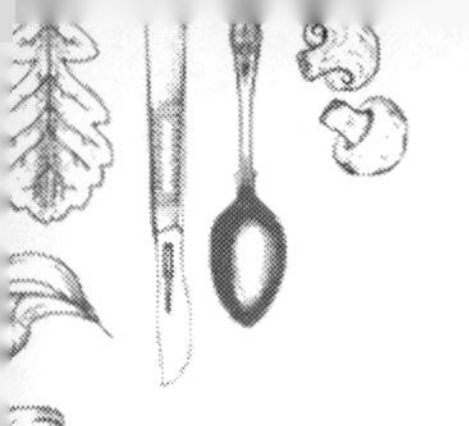

祥雲龍吟

2021 年｜米其林二星★★

2021/9/22（三）｜用餐人數：2 人

「祥雲龍吟」在臺灣料理界中具有高度的存在意義，若想體驗頂級日式料理的職人精神，一定是衆多饕客的首選。餐廳外頭屬於低調簡約的風格，僅有一塊樸實的小招牌，門口處則擺放著最有特色的大龍盤，殊不知一入大門，映入眼簾的是奢華的等候大廳，在新冠疫情爆發前是招待等候客人飲茶的地方，一旁還有壯觀的酒櫃，裡頭都是精選的好酒，令人歎為觀止！

由於座位還在準備階段，先前往洗手間，裡頭附有各種備品，除了常見的漱口水、紙巾之外，居然還有薑黃、眼鏡布、牙尖刷、護手霜！清潔用品之全面，足見其體貼程度！用餐區座位寬敞舒適，座位間還有屏風、隔板區隔，舒適自在，又不怕被外人干擾，搭配舒適的古典樂，沈浸在這令人陶醉的用餐氛圍之中，不知不覺肚子就餓了起來。

入座後送來浸泡過東方美人茶的熱毛巾，讓人情不自禁的一直將毛巾拿起來聞，因為香氣實在是太迷人了！

開胃的是東方氣泡美人茶，柔和的茶香搭配強烈的氣泡，相當獨特的體驗。接著捎來裝有菜單的信封，信封上有祥雲龍吟的特製郵票，與印有當日日期的郵戳，令人印象

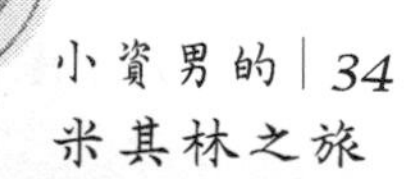

深刻！菜單除了有當日菜色之外，背面還印有臺灣地圖，寫著各項餐點的食材來自臺灣何處，以臺灣在地料理，完美詮釋精緻的日本懷石料理！

這次是七品套餐，首先上來的料理以玉米與梅子打成泥狀，搭配入口即化的綿密豆腐，帶出了玉米的甜味，尾韻還能品嚐到梅子的酸，酸甜中和相當清爽順口，是稱職的開胃菜。

第二道料理希望呈現出沒有米飯的握壽司之感，將酪梨以厚切方式呈現，上頭用龍蝦等海鮮點綴，參雜著茗荷，其味道就像平時吃到的薑，但口感卻似洋蔥，佐以些許花椒油剛好中和掉腥味，又能帶出海鮮的鮮甜，酪梨的綿密再搭配上Q彈的佐料，很像握壽司，食材組合有趣，看似濃厚整體卻清爽不膩口，實在佩服師傅的巧思與創意！

第三道爲蛤蜊鮑魚清湯，湯頭海鮮的鮮味十足，蛤蜊香氣尤其濃郁，又能喝到地瓜葉的清甜氣味，裡頭石斑魚還經過些微炙烤，帶有一絲焦香，肉質卻仍保有其軟嫩的口感！鮑魚鮮甜多汁，口感彈性又有嚼勁，搭配地瓜葉一起品嚐，讓人覺得不會整道都是海魚的鹹味，還有一種讓人煥然一新的感覺。

第四道是經過油封又微炙燒過後的白帶魚，肉質肥美、鮮嫩多汁，炭烤味道香氣十足，和上一道的石斑魚有異曲同工之妙，魚子醬爲鱘龍魚卵，入口即化，單吃略帶腥味，需要青椒的甜來使整體更爲和諧，能夠品嚐到魚肉的細膩、魚油脂肪的肥美還有鮮甜蔬菜的清爽，三者看似不相干的食材搭配一起才是一道完整的料理，缺一不可。

第五道魚湯以酸菜白肉方式呈現，湯頭帶酸，能夠提煉出刺鮨的鮮甜，而湯葉（豆皮）鋪陳於底部，將扎實又有彈性的魚肉搭配軟嫩的豆皮一同享用，不論是口感還是味道的結合都使整體層次又更豐富，上頭醃白菜是整道料理的精髓，讓人品嚐到結合中式料理特色的日式湯頭，不但有趣、有創意又相當美味。

第六道是乳鴿，是整頓餐的靈魂，也是祥雲龍吟的經典菜色，乳鴿料理方式採一半燒烤、一半酥炸，師傅將木炭置於底部的迷迭香上頭，再以鴿子骨頭蓋住，使餐點保留著煙燻與迷迭香草的香氣。鴿胸以燒烤形式呈現，印象深刻的是鴿肉顏色相當粉嫩，晶瑩剔透的切面相當漂亮，光看就已經令人垂涎三尺！實際也完全不讓人失望，鴿胸的外皮酥脆，帶有濃郁的焦炭香，肉質鮮嫩肥美，同時又保有肉汁，口感層次豐富，完全吃不到任何腥味，眞是視覺與味覺的雙重享受！鴿腿部分則是經過酥炸，味道與平時吃到的鹽酥雞非常相像，讓人意猶未盡。

主角結束後，來一杯京番茶，帶有煙燻香氣，作爲餐與餐之間的調劑，相當舒適，又能重新洗漱味蕾。

第七道料理是雙釜飯，本季以豬腩爲主角，搭配梅子與烏魚子，米飯則是採用宜蘭一期一耕的原鴨米，口感粒粒分明又Q彈可口，豬油香氣十足，再以烏魚子的鹹與梅子的甘甜堆疊，味道豐富又迷人。米飯看起來非常油亮，卻不會因爲豬油太多而讓人覺得膩口，一旁還有醃製過的瓜類與苦瓜湯頭，搭配著吃相當解膩，一開始還不理解爲何以苦瓜湯頭來搭配，吃過米飯後才明白，苦瓜不但有讓口舌清爽的功

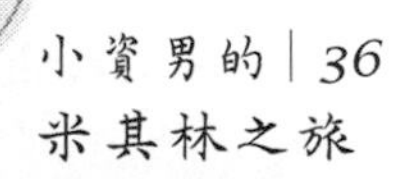

用，同時還能帶出米飯的香甜，整體層次豐富，明明已經有飽足感，卻不知不覺又想再吃一碗，每一次用的碗都不盡相同，爲了多看幾種碗，毫不猶豫再添一碗飯！

主餐部分已到了尾聲，送來熱毛巾擦手，和第一次不同，是帶有檸檬草香氣的毛巾。甜點以牛奶冰淇淋作爲主角，鮮奶味道濃郁順口，裡頭藏有一小塊柿子，使入口即化的冰淇淋多了一層軟綿綿的口感與不同程度的甜，上頭撒上瑞可塔起司，使整體多了一絲鹹香，鹹甜中和是令人滿足的收尾。

用餐環境古色古香且寬敞舒適，從入門到用餐結束，全程都能感到細緻入微的服務，介紹餐點時輕聲細語，上餐點時一定是由一人端菜、另一人上菜。沒有華麗的擺盤，料理卻具有藝術般的視覺展現，以現代創意料理的手法呈現日式懷石料理的風韻，風味絕佳的料理搭配五星級的服務，祥雲龍吟得到米其林二星理所當然。

２人費用：

七品套餐：4,500*2=9,000
東方氣泡美人茶：400
總計：9,400+10%服務費=10,340

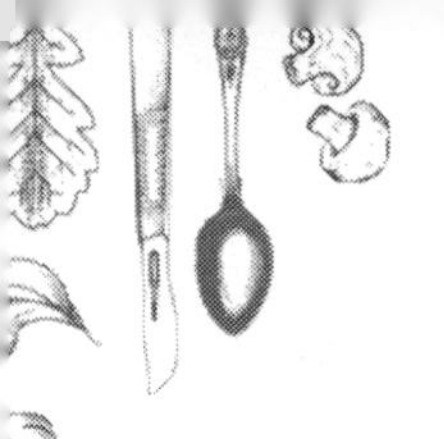

山海樓

2021 年｜米其林一星★

2021/9/25（六）｜用餐人數：11 人

山海樓的創始店是在中山北路，2018 年在仁愛路二段重新開幕，大樓前身是永豐堂。大樓古典氣派，整體感覺在古今之間交錯，山海樓包廂之華麗，堪稱米其林星級中數一數二，無論如何，也要湊足人數，一窺究竟。

山海樓手工臺菜，有著米其林一星殊榮，甚至獲得第一年的米其林綠星標章，代表著有機與永續食材。山海樓既然以臺灣本土菜色聞名，從建築物外觀就可以觀察到復古的大門、窗戶與中式門牌，給人一種古時候富貴人家的奢華感，推開大門映入眼簾的是相當寬敞的玄關，幾張沙發與畫作與不會過多的擺設，給人一種低調的奢華感，入門左手邊是飲茶、會客的小空間，右手邊則是生猛海鮮區，保有臺灣常見的海產、快炒風格面貌，玄關後頭則是散客用餐區域，座位數量不多、風格簡約，有一種文人雅士於酒樓中細細品味美食的優雅感。

位於二樓的 12 人大包廂，大門一敞開那剎那，氣派寬敞的空間，正中央的大圓桌、水晶燈，整個環境散發出一種與達官權貴並齊的用餐氛圍，讓人身心愉悅。

因為疫情，餐桌上設有隔板，山海樓取消了單點，只提

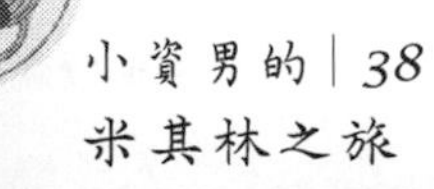

供單人套餐，總共有三種，分爲兩種價位，分別是梅套餐、蘭套餐還有素食套餐。爲了增加菜色的豐富性，選擇了梅與蘭套餐，大家抽籤決定套餐，增添了一絲趣味。

首道餐點爲主廚拼盤，蘭比梅套餐多了紹興醉蝦。其中甘蔗燻雞相當鮮甜多汁，肉質軟嫩不乾柴。馬告鹹豬肉入味，肉質保有彈性又不會太鹹，恰到好處。滷鮑魚肉多又厚實肥美。烏魚子鮮甜美味。鮑魚與烏魚子都沒有海鮮的腥味，相當新鮮。醉蝦的紹興酒味道十足，蝦肉香濃入味，唯一麻煩的是要剝蝦殼，相信這點在星級餐廳中是可以改進的，大部分的料理都應當處理到幾乎沒有廚餘的程度才是。前菜整體分量充足，不至於到有負擔的程度，味道上中規中矩，較無記憶點。

第二道是綠竹筍沙拉（梅）與蒲瓜封（蘭），綠竹筍沙拉並未使用華麗的擺盤或烹調手法，而是希望客人能以乾淨、清甜與涼爽的方式來品嚐這項臺灣特產。蒲瓜封則相當特別，師傅將蒲瓜與胡蘿蔔交織成形，外觀特別又可愛，令人印象深刻，有些捨不得用湯匙將它分解呢！裡頭塞滿了餡料，有小蝦仁、豬肉與多種菇類，湯頭味道偏淡，蔬菜種類豐富，整體清爽開胃，給人一種洗漱口腔的清新感。

第三道分別爲酥炸生蠔海膽（梅）與太平町玫瑰蝦（蘭），炸過後的生蠔外皮酥脆，肉質相當肥嫩，一口咬下既香又多汁，搭配鮮甜的海膽，每一口都飽滿又豐富，令人滿足！玫瑰蝦則更爲特別，外皮經過酥炸，裡頭滿滿的餡料，有蝦子、烏魚子、鹹蛋黃與海苔等等，一層一層的包入餡料，這道餐點果如其名，外型像玫瑰的花瓣！可惜味道偏淡，味覺上並不如視覺那麼層次豐富，稍微有些遺憾。

下一道餐點是選擇梅套餐才有的塔香馬祖淡菜，淡菜以九層塔、醬油膏及多種辛香料下去拌炒，是非常臺式的料理。入口時九層塔香氣在口中化開，帶有醬油膏甜甜的香氣同時又能嚐到海鮮的鹽味，淡菜肉質肥嫩多汁，比較像是平常在熱炒店會吃到的料理，吃起來相當親切。

之後上來的是大家期待已久的主餐部分啦！兩種主餐分別爲蓬萊牛肉（梅）與金銀燒豬兩吃（蘭），牛肉的部位爲牛肋排，燉煮軟嫩入味，入口卽化，醬汁帶有果香，酸甜可口，類似紅酒燉牛肉，味道卻更豐富有層次，搭配青蔥與一旁爽脆的梅子別有一番風味。殊不知燒豬也不遑多讓！豬肉是肋排部位，豬皮又脆又香，搭配青蔥與醋蒜醬美味可口，豬肋排一樣讓人驚喜，肉質軟嫩，肥美卻不油膩，保有肉汁香氣，單吃就已經很香，蘸了醬汁後更帶出肉本身的甜，有些可惜的是菜單寫說總共有四種醬料，但這次用餐只有一種，不知道是否是因爲疫情的關係！但是從品嚐料理的過程，可以明顯感受到師傅的用心，想必這是一道相當費工的繁複料理，令人印象深刻。

緊接而來的是第二道主餐，古早味炒米粉（梅）和紅蟳極品海鮮米糕（蘭），兩者的容器漂亮，同樣採用花碗，米糕多了印有山海樓字樣的相同風格盤子，精緻有質感。炒米粉的配料豐富，有高麗菜、蝦乾、章魚乾與香菇，拌炒過後的香氣實在令人口水直流，入口後嫩綠的高麗菜，青脆多汁，相當具有存在感，相較之下，米粉炒的相當乾爽，醬汁收乾的非常好，不會過於油膩。料理過米粉的人都知

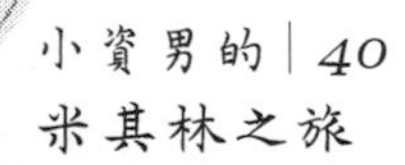

道，因爲米粉比較細，拌炒時容易斷掉，山海樓的米粉綿長又不會太過濕軟，還保有米粉彈性，相當厲害！至於調味上就較爲中規中矩了。紅蟳米糕是另一個亮點，光看擺盤與配料就相當豐盛，奢華又氣派，米糕糯米的飯粒香氣十足、粒粒分明，搭配多樣海鮮：紅蟳、鮑魚、淡菜、中卷、蛤蜊等等……，海鮮相當鮮甜，新鮮又飽滿，是一道極富飽足感的餐點。

最後以湯作爲正餐的尾聲，和傳統臺灣人飲食方式相似，湯品分別爲干貝海鮮冬瓜盅（梅）與菊花干貝湯（蘭），原以爲冬瓜盅配料較少，殊不知湯匙一攪才發覺，原來配料都沉在碗底！湯頭雖爲清湯卻層次豐富，香氣十足，品嚐得到干貝的鹹香，又有冬瓜與竹筍的清甜，裡頭還有許多火腿肉、鴨肉與菇類，相當豐富，是一道順口美味的湯頭。菊花干貝湯和前面的蒲瓜封有異曲同工之妙，皆把料包在裡頭，不同的是這次以蛋皮包覆多樣食材，外觀有如一朶綻放的菊花，可以直接看到裡頭豐富的餡料，干貝與香菇的味道最爲突出，湯頭清澈鮮美，可以感受到食材的精華都已燉煮入湯中，裡頭的食材也都相當高級，除了干貝、椴木香菇外，還有松茸、竹筍等食材，非常精緻。

正餐之後便是甜點與水果啦！甜點爲阿里山野薑花愛玉，手洗的愛玉味道相當天然，帶有愛玉本身的淡香卻不會太過甜膩，野薑花能使氣味更加香甜，是長輩與小孩都適合吃的甜點，清爽解膩，又不會太過花俏豔麗，保有臺灣傳統文化之美。水果則是火龍果、水梨與蜂蜜。水果甜度皆偏低，所以蘸了點蜂蜜，殊不知不但不會太甜，口味還很搭！

味道上中規中矩，但在食材選用方面，可以感受到很用心在爲每道餐點品質把關，上餐速度節奏也抓得很好，不會太過有壓力，又不會太過冗長，環境舒適有特色，山海樓復刻 30 年代菜色，最美臺菜餐廳當之無愧！

11 人費用：

白鶴靈芝茶：120*11=1,320
山海樓套餐（梅）：1,980*5= 9,900
山海樓套餐（蘭）：2,880*6= 17,280
總計：28,500+10%服務費=31,350

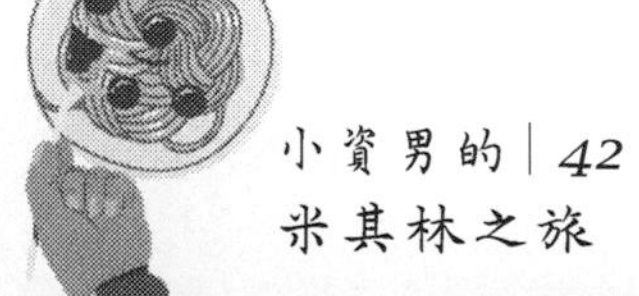

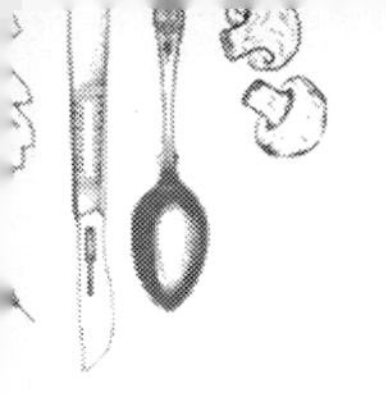

LONGTAIL

2021 年｜米其林一星★

2021/10/1（五）｜用餐人數：4 人

蟬聯多年米其林一星的餐酒館「LONGTAIL」，由知名主廚林明健透過 20 年的豐富料理經驗，運用當季食材，結合多國料理手法及創意，將食材以無國界當代料理方式呈現，酒單則提供精品葡萄酒、精釀啤酒及創意調酒，提供精緻多樣化的選擇。

座位從一樓到地下室都有，裝潢風格屬於古典融合現代風，一進門是一排高級的吧臺，座位寬敞舒適，接著是各種不同風格的用餐區，有英式復古的沙發、木圓桌與長桌，也有日式榻榻米座位，樓下是海島風格包廂，種類多變卻在同一個空間內彼此交融，塑造出多元文化的環境。

因爲疫情關係只提供套餐，分別爲季節套餐與招牌套餐。開胃小點爲炸豬皮與哈密瓜冷湯，豬皮酥脆又香，其中的辣醬開胃，哈密瓜冷湯口感類似果凍的果粒，上頭以薑絲與青蔥點綴，搭配起來香甜清爽。

季節套餐第一道菜爲海膽奶凍佐胭脂蝦，精巧可愛，有許多小小食用花點綴，海膽與胭脂蝦都很鮮甜，奶凍有股濃厚的起司奶味。經典菜單則爲青甘生魚片，肉質鮮嫩，搭配酸酸的金桔帶出生魚片的甜，甜菜根口感很嫩，不同的甜味讓整體相當清爽。

第二道餐點分別是綠竹筍沙拉（季）與無花果吐司（經），綠竹筍沙拉上頭擺滿水田芥，搭配酪梨果泥，醬汁則爲柑橘油醋汁，竹筍脆又鮮甜，烤過後多了一分炙燒的香氣。無花果吐司精緻漂亮，看似簡單的吐司竟暗藏玄機，中間塗抹了瑞可達起士，淋上波特酒醬汁，吐司是煎烤後的裸麥麵包，一口咬下酥脆的吐司，起士的奶香在口中迸發，濃郁的香氣帶來滿滿的幸福感，搭配上頭無花果的淡雅清香，居然不會太過突兀，鹹甜氣味交融在一起，使人意猶未盡，不自覺露出一抹微笑。

第三道餐點皆以鴨肝餃爲主體，季節套餐搭配甜玉米醬汁與綿羊起士，包裹著軟嫩鴨肝的彈嫩餃皮是很好的調和劑，底部的甜玉米醬汁與起士的鹹香緩衝了鴨肝的騷味，一旁還有薑絲去腥，整體搭配恰到好處。經典套餐則是在餃內加了油封鴨肉並搭配魚露與花生，調味類似紅油炒手，裡頭的花生是整體精髓，就是那一味才讓整體完整和諧。

第四道餐點爲主餐前的開胃小點，小牛胸腺沙嗲（季）以香茅醬汁醃製過後再加以炙烤，外脆內嫩，香氣十足，帶有南洋風味，還有花生醬的香氣，一旁搭配雙色西瓜與梅子甘草鹽醬汁，充滿臺灣味。鮮蝦漢堡（經）用的是鬆軟的布里歐麵包，裡頭餡料豐富，有炸蝦排、醃漬洋蔥與香料葉，香茅的香氣帶來滿滿的南洋感，炸蝦厚實又鮮嫩多汁，搭配一絲一絲的醃製洋蔥與美乃滋醬汁，酸酸甜甜相當過癮，拉差辣醬則低調的帶出微微的辣，漢堡大小剛好一口咬下。

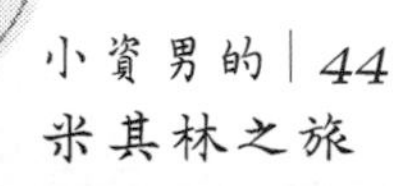

季節套餐的主餐為鮑魚小米粥，本為經典的中式料理，卻改造成類似西式燉飯的感覺，相當有創意，醬汁為九層塔青醬，屬於帶淡香不強烈的味道，較為突出的是搭配鮑魚點綴的 XO 醬櫻花蝦，代表西方與中方的兩種味道搭配起來居然意外的合適，有讓人煥然一新的感覺，不禁嘆讚起主廚的巧思與創意！經典套餐為石斑魚，肉質很嫩，口感扎實，搭配破布子油醋汁，類似享用臺式豆瓣魚的感覺。

最後的主餐是乾式熟成鴨胸（季），外皮煎的酥脆、肉質彈嫩，調味上不過度，能帶出鴨肉本身的香氣，搭配的醬汁帶酸，因此有南洋感，茄子泥有一股草味，蘸著醬汁與鴨胸一起吃別有一番風味。另一道主餐為三分熟的菲力牛排（經），小巧可愛，色彩豐富又有小花點綴，最特別的是搭配麻辣醬汁，是一道由中西方元素交融而成的料理，結合在一起居然毫無違和感，果然是標榜無國界的料理。

甜點是百香果愛玉，碗盤是相當具有臺式餐盤代表性的花紋瓷盤，愛玉上頭搭配的是清爽的百香果雪酪淋上巧克力醬，三種元素結合出巧妙的味道，愛玉帶來柔軟順滑的口感，百香果與巧克力則為甜點增添酸甜層次，底部百香果籽又疊上一層爽脆感。

另一道甜點為法式咖椰吐司（季），吐司是布里歐麵包浸泡於醬汁中放置一陣子再酥炸而成，酥脆的外皮裡頭卻是如雲朵般柔軟的內餡，鬆軟又濕潤，搭配冰涼的咖啡冰淇淋與酥脆醬油焦糖，壽星還意外的獲得蠟燭與在盤子上的 Happy Birthday 字樣。另一道甜點是威士忌巧克力慕斯（經），巧克力外皮清脆，一咬即破，裡頭是滿滿的威士忌巧克力慕斯，苦甜調味不會過於膩口，一旁的巧克力冰淇淋則冰涼清爽。

地點適中、環境舒適、氣氛浪漫、服務到位，套餐分量適中、料理在調味與創意上皆有獨到之處。訂位難度屬事前規劃幾乎都可預約到理想的時間，價位在星級餐廳中屬中低價位，不論少數朋友聚會或是團體聚餐，想要純吃餐點或是搭配調酒，LONGTAIL 皆能提供令人滿意的答案，是新鮮人想體驗星級餐酒館的首選！

4 人費用：

季節套餐：2,980
招牌套餐：2,480 *3=7,440
水資：180
總計：10,600+10%服務費=11,660

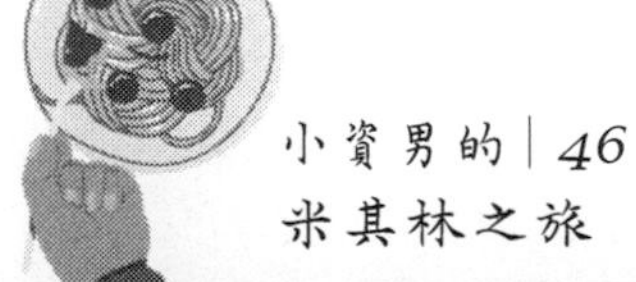

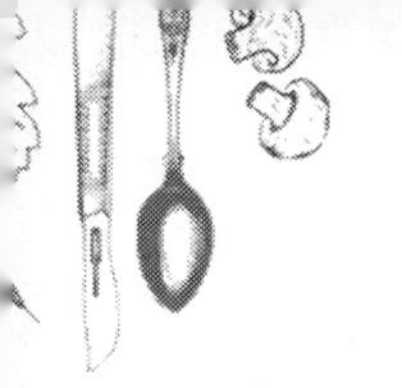

雅閣

2021 年｜米其林一星★

2021/10/3（日）｜用餐人數：4 人

「雅閣」，蟬聯四年米其林一星，座落文華東方酒店內，建築奢華氣派，風格獨特，就像是一座豪華宮殿，挑高的天花板、大理石地磚和偌大的水晶燈都給人一種置身歐式古典宮廷中的感覺，尊貴無比。

位於三樓的雅閣，外觀低調簡約，以三角幾何斜線爲整體畫面營造空間藝術感，裝潢、設計都是由國際設計大師季裕棠操刀，以東方元素結合流行時尚，呈現出低調內斂、高貴雅緻的風格，完美詮釋高級中餐廳，謙遜又蘊藏神秘的面貌。

由入口到用餐區尚有一段距離，會先經過一寬敞的玄關，繞過屏風後狹長的走廊，裡頭暗藏好幾個大型包廂，走道兩側陳列著許多藝文古董與書法畫作，中國文化之美在此處一覽無遺。步行過如迷宮般的長廊後是寬敞的用餐區，中央區域主要擺放四人座圓桌，兩側有幾間簡約的小包廂，風格典雅大方。雅閣提供的餐點爲高級精緻的粵菜料理，用精選臺灣在地時令食材，以精湛細緻的手藝呈現經典粵菜佳餚的原味精髓。

香片茶是溫柔中又帶點甜美的花茶香，馬上讓人放鬆下來，心情也不自覺愉悅起來。臺灣香片茶一般代指茉莉花茶，能夠幫助消化、消脂排毒，還能保持口氣清新。

雅閣叉燒皇（蜜汁叉燒）以主廚秘製醬汁醃製後放入爐火中慢烤，取出淋上蜜汁後再進爐以小火慢烤，反覆多次後再以荔枝木煙燻，因此叉燒肉呈現出晶瑩剔透的色澤，上桌時還有一個小爐子持續火烤，使叉燒保有煙燻香氣，淋上特製麥芽糖後即可食用。首先品嚐到的是外層的甜，火烤後多了一層爽脆口感，肉質鮮美，肥嫩多汁、入口即化。

接著是燒味拼盤，搭配的是潮蓮燒鵝與金陵燒乳豬，燒鵝外皮酥脆，裹著一層香氣十足的油脂，搭配一旁蘸醬，清爽不膩口，又能帶出鵝肉的淡香。金陵燒乳豬更是不遑多讓，外皮烤得酥脆，外皮與肉中間還夾有一層特製餅皮，口感軟嫩，蘸上搭配的烤肉醬汁，鮮甜多汁的燒乳豬令人垂涎欲滴。

重口味的燒臘料理後面是純·慢燉烏雞湯，以漂亮的透明茶壺與茶杯裝盛，純粹透明，彷彿表示著未添加任何調味料的單純，直接品嚐到燉煮透徹的烏骨雞湯頭最純粹的精華香氣，味道類似高級補品滴雞精，一旁附上玫瑰岩鹽與夏威夷黑鹽，玫瑰鹽的鹹直接疊加在湯頭上，黑鹽則是更有深度的帶出湯頭的甜，把黑鹽加入預先保留的剩餘雞湯，舒服又溫順的洗漱味蕾。

接下來是粵菜的經典料理 XO 醬炒蘿蔔糕，煎的香酥的蘿蔔糕搭配 XO 醬與豆芽菜清炒後，口感外脆內嫩，裡頭還吃得到蘿蔔，用心精緻，配料豐富，調味上鹹甜中和恰到好處。

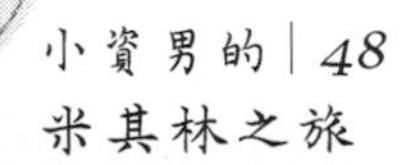

下一道海鮮料理是 2021 年最新推出的秋季菜色黃燜汁五谷米扣遼參，做工繁複，光泡發海參的時間就要三天左右，需用高溫 90 度的熱水先浸泡一晚，接著去除內臟洗淨後，再置於熱水中浸泡數小時，最後放入冰水浸泡兩天。待遼參發好後才得以加入以雞肉、干貝等食材熬煮而成的私房黃燜汁一同煨煮，海參口感爽脆Q彈，搭配粒粒分明的五谷米。

本餐重頭戲是焗釀鮮蟹蓋，擺盤造型精緻有質感，蟹肉以螃蟹造型容器盛裝，打開銀色蓋子，裡頭是以一整隻紅蟳蟹肉製成的料理！先將蟹肉與洋蔥拌炒後鋪滿蟹蓋，接著在表面抹上蛋液及麵包粉，再放入烤箱烘烤，外皮酥脆可口，裡頭則是帶有洋蔥甜味的紅蟳蟹肉，肉質軟嫩、可口多汁，一旁小湯匙上還有形狀似魚卵的小圓球，是特製的巴薩米可醋，醋珠的酸巧妙襯托蟹肉的鮮甜。

松露蛋白蟹肉餃的餃皮薄又透明，可以看見裡頭滿滿的餡料，一口咬下，餃肉汁馬上在口中噴發，蟹肉鮮甜、松露香氣濃郁，蛋白口感 Q 彈，每一口都相當飽滿。

下一道菜是松露鮮腐竹，腐竹就是豆皮的意思，松露香氣十足，豆皮鮮嫩多汁。

接著是雅閣炒飯，雖然在粵菜餐廳，但搭配的居然是泰國香米混合日本越光米，能夠同時品嚐到鬆軟、黏甜兩種口感，搭在一起粒粒分明。配料裡頭有龍蝦肉、日本鮮干貝、烏魚子、東港櫻花蝦等高級食材，搭配番茄、青蒜與蔥花快炒，每一口都能感受到主廚的豪邁與霸氣。

第二道主餐是桂花金絲米粉，米粉色澤金黃透亮，加入干貝、蟹肉與豆芽菜拌炒，相當乾爽，不會太過油膩。

接下來是米其林官網推薦的必點料理雅閣脆皮雞，那被油脂覆蓋而晶瑩透亮的脆皮、底下粉嫩多汁的雞腿肉，讓人光用看的就口水直流，拍照時還要忍住不斷吞嚥口水。一口咬下酥脆的外皮，底下是滑嫩又Q彈的雞肉，帶鹹味又保有雞汁濃郁的香氣，爽脆又彈嫩。鹹嫩的雞肉與甜脆的甘薯片，味覺上是雙重享受。

海鹽焦糖烤牛奶有著濃郁的奶香，上層是烤的焦脆的焦糖，海鹽的鹹中和掉鮮奶的濃與焦糖的甜，使整體不會膩口，又帶出鮮奶的奶香，軟綿如雲朵的口感也讓人吃得很舒服。

黑金特色流沙包則是有著相當吸睛的外觀，碳黑色的外皮上頭有一抹金點綴，一口咬下，流沙的奶黃馬上宣洩而出，十足美味。

因爲有壽星，雅閣很貼心的送上五個小壽桃，裡頭不是豆沙餡而是奶黃餡，沒有流汁，不過一樣好吃！

位於文華東方酒店之內，雅閣的用餐環境可說比二星等級的餐廳都還高級，甚至直衝三星。菜色豐富齊全，從二人到幾十人吃，都可以賓主盡歡。不算高的價位，就算是爲了來文華東方吃一頓飯都值得，更何況還是米其林一星。沒有特別創意的料理，但把基本菜色做到極致也是一種美學，且不會有不好吃的菜色。因屬於大飯店的星級餐廳，位子數量相對充足，訂位難度不算高，非常適合摘星入門者。

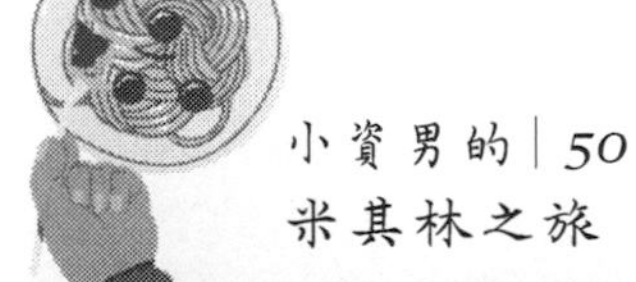

4人費用：

香片茶：140*4=560
燒味拼盤（二款）：1,380
加價乳豬拼盤：1,180
雅閣叉燒皇：1,180
純．慢燉烏雞湯：580*2=1,160
黃燜汁五谷米扣遼參：1,680
焗釀鮮蟹蓋：750*2=1,500
松露鮮腐竹：580
雅閣脆皮雞（半隻）：750
雅閣炒飯：780
桂花金絲米粉：780
X.O.醬炒蘿蔔糕：360
松露蛋白蟹肉餃：120*4=480
海鹽焦糖燉奶：320
黑金特色流沙包：90*4=360
總計：12,070+10%服務費=13,277

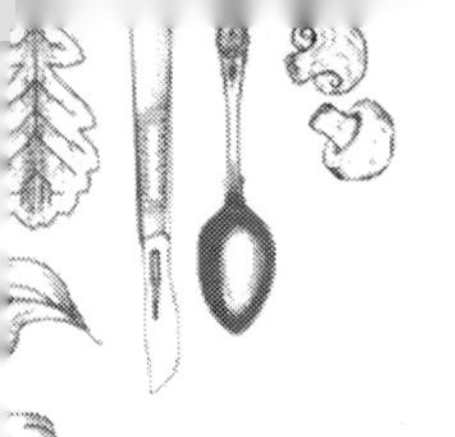

logy

2021 年｜米其林二星★★

2021/10/7（四）｜用餐人數：2 人

「logy」是位於信義安和的超難訂位高級餐廳，同時也是東京米其林二星餐廳「Florilège」的姐妹餐廳，有著驚人的傳奇事蹟。logy 於 2018 年 10 月開幕，營運不到一年便在 2019 年度獲得了米其林一星，隔年再創佳績，晉升爲米其林二星餐廳，一路蟬聯至今。

logy 於 2021 年獲選爲「亞洲 50 大餐廳」中的新進榜臺灣餐廳，並且一進榜就獲得了第 24 名的佳績！

主廚田原諒悟出生於日本，曾於法國與義大利進修過廚藝，返日於 Florilège 擔任副主廚，擁有豐富的多國料理經驗，將其技術帶來臺灣，解構臺灣在地食材，利用當季食物搭配在地風格烹調，再飾以華美的擺盤，創作出一道道創新又獨特的料理，強調亞洲多元的風格，同時又保留日本的元素。

logy 的建築外觀低調，灰白的大片水泥牆上僅有 logy 四個字母，很有質感，成爲打卡拍照的經典畫面。進入大門內是一條狹窄的走廊，幽暗的燈光瞬間給人一種神秘的空間感，讓人想一探究竟。

用餐區域是開放式廚房，座位寬敞舒適，席次非常少，

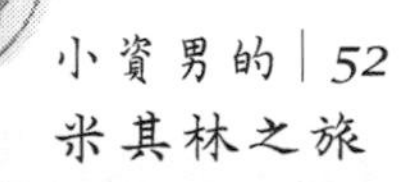

角落處還有一個空間區隔開來的六人包廂，同時段用餐人數應該無法太多，難怪訂位如此困難。灰質調的空間搭配溫暖的木頭元素，整體散發一種高貴典雅的氣息。

首先送來一個圓盤，放著桌巾，上頭則是 logy 名稱介紹，在不同語言中分別有不同含意，象徵著一個文化交流點，以亞洲爲核心，拓展至全世界。介紹完 logy 後送上熱毛巾，並告知因爲環保關係，不再提供紙本菜單，網路上也不容易搜尋到，僅能憑記憶與網路資訊，來記錄當日料理的食材與口味。

餐點爲季節套餐，開胃前菜的食材有甜玉米泥、法國白乳酪、馬玉蘭葉與銀杏。玉米泥的甜堆疊上白乳酪的鹹，搭配濃醇的銀杏，三者味道完美融合，馬玉蘭葉獨特的香氣則像驚喜般若隱若現，底部橄欖油使彼此口感更緊密且又滑順的融入口中。

第二道開胃前菜是翠綠的節瓜，裡頭裹著紅條石斑，外觀像是竹子，上頭是擺放著小巧金蓮葉的韓國芝麻葉青醬，還有一朵迷人的精緻小花與紫色的小楓葉，以野生赤嘴蛤蜊與番茄黑蒜澄清冷湯做搭配，完全不能小看這些點綴用的食材，全部都是料理的一部分，都可以食用。按照慣例，第一口一定是先喝湯，沒想到一喝不得了，微酸的蕃茄香爲主角，尾韻帶甜，咬下節瓜才發現裡頭的石斑是生魚片，口感外脆內軟，蛤蜊口感飽滿多汁，將食材與清湯一同食用不但能帶出石斑的甜、蛤蜊的鮮，又能喝到番茄的香，湯頭無疑是所有食材的調和劑，美到令人捨不得破壞畫面的擺盤和令人無可挑剔的風味，都讓人無法不愛上它。

當日主餐是尚未分盤前的小羔羊排，一股羊騷香馬上撲鼻而來，拍完照後，小羔羊便繼續巡迴演出，讓所有客人拍照觀賞。

接著是底部以百合根製成的麵疙瘩，中間擺放新鮮胭脂蝦，再以法國魚子醬點綴，最後淋上以臺灣鮮蚵與柚子胡椒製成的醬，外觀有如小巧精緻的法式料理，麵疙瘩有嚼勁而胭脂蝦則柔軟，口感如千層麵一般，味道則似奶油白醬，奶香濃郁，帶柚子清香，完全不會膩口，裡頭的胡椒在尾韻帶出微辣，說是今日驚艷值的最高點也不爲過。

第四道料理是開幕以來的招牌菜茶碗蒸，最底部是新鮮土雞蛋製成的蒸蛋，上面搭配的是蟹肉與枸杞，最上方以山當歸與西芹製成的冰淇淋點綴，最後淋上牛肉澄清湯並以乾魷魚提味，是一道色彩豐富、外觀精緻的料理。首先品嚐最底部的茶碗蒸，相當綿密且完全沒有一絲氣泡，湯頭微鹹，可以帶出蒸蛋的香醇，枸杞的甜與蟹肉的鮮搭配在一起，味道結合溫順舒服，有一種養生感，枸杞的香會一直留在口中。至於上頭的冰淇淋是一大特色，冷熱交融卻不突兀，食材選用多元，味道上順口協調，更有冷熱兩大元素的衝突感。

馬頭魚以脆鱗手法做處理，中間搭配燒過的茄子泥再覆蓋上紅色的酢醬草，最上方擺上芝麻脆餅，搭配藍乳酪製成的醬汁與芝麻油。馬頭魚鱗經過立鱗手法處理後，外皮變得酥脆，口感外脆內軟。芝麻脆餅與茄子泥都帶有溫和淡雅香氣，讓人習慣性的蘸上醬汁，而醬汁就是這道料理中味道最強烈的部分，初嚐藍乳酪的味道有點過重，但在膩口邊

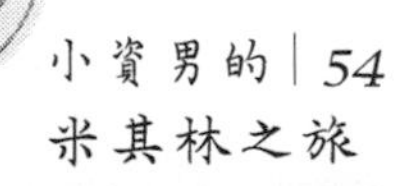

緣卻又嚐到了一股類似蜂蜜的甜，將那感覺又收了回來，芝麻油也解膩，使整體不會因藍乳酪而難以入口，馬頭魚的口感與芝麻餅讓整體更和諧，是一道有著強烈口感帶著溫和的味道（酥脆+淡雅）與溫和口感搭配強烈味道（流質+濃郁）食材的碰撞結晶，是相當大膽的料理。

第六道料理是第二道招牌菜，以鰻魚撒上黑糖後去炙燒，搭配蘑菇清湯與花椒油，底下則是可可慕斯。小小啜飲了一口清湯，花椒油的香氣相當鮮明，在尾勁帶出花椒的麻與辛香料的香，神奇的是湯頭卻溫和完全不辣，這時只差甜味，咬了一口鰻魚後，炙燒後的表皮因爲黑糖而更酥脆香甜，有紅燒鰻魚的甜味精髓，卻一樣淡雅不膩口，是更有深度的甜，底部巧克力慕斯的甜又是另一番滋味，就像奶油放到醬汁中乳化的感覺，兩者融爲一起，在味道上彼此襯托，相當巧妙。

第七道是主餐，羊排主食搭配茴香頭、南瓜花、胡蘿蔔泥，還有羊膝骨熬的醬汁與咖啡油。羊排已經貼心去骨，羊騷味在這反而是香味，肉質非常軟嫩，分爲肥肉與瘦肉兩部分，前段肥瘦交界處，吃下羊肉的第一口便令人驚呼「也太嫩！」。獨特的羊脂香氣搭配羊肉本身的味道，蘸上帶有咖啡香與羊肉味道的濃郁醬汁，層次豐富！胡蘿蔔泥的甜讓整體增添了一分清爽，茴香頭則與洋蔥類似，其香甜與食物融合，與南瓜花、咖啡油的香氣都有解膩的效果，令人回味無窮。

甜點底部是稻草風味的果凍搭配日本著名的高級貓眼葡萄，上頭是桂花茉莉烏龍茶製成的冰沙與百里香葉，外觀看不出裡頭究竟有什麼，很有神秘感，挖了一口冰沙放入口中，瞬間被湧出的香氣征服，帶有濃濃的甜美花香與茶香，給人一種清新的感覺，中間的貓眼葡萄扎實飽滿又大顆甜美，底部的果凍使整體又更柔軟，帶有微微的花香，但又與冰沙的甜美不同，是一道散發溫柔與甜美的小清新料理，讓味蕾重新被洗漱了一番。

第二道甜點是巧克力泡芙，旁邊擺放著新鮮的無花果，泡芙裡頭的內餡則是無花果冰淇淋與焙茶鮮奶油，底部再搭配焦糖醬。輕輕咬下一口泡芙，酥脆的巧克力外皮裡頭的內餡馬上在口中噴發，香氣化開後非常迷人，無花果與焙茶合而為一，香甜順口，焦糖醬汁的苦又使整體更上一層次，泡芙裡頭的各個元素完美的搭在一起，具有療癒效果。

第三道甜點是小茶點手洗愛玉，是花蓮的手洗愛玉與椰果，搭配本季的金鑽鳳梨汁，與一點點的九層塔，清爽又帶有臺灣味，是個漂亮的收尾。

外牆的 logy 字母與灰色配色，加上用餐環境偏暗色系，整家店充滿神秘色彩，訂位的難度屬都市傳說等級，差不多僅次於鮨天本，從入門到用餐結束，彷彿處在另一個時空之中。服務貼心、溫柔，料理的分量剛好飽足。有別於其他高級餐廳，給人一種嚴苛、謹慎的廚房印象，logy 為開放式廚房，品嚐美食的同時可以欣賞裡頭工作人員的擺盤與備料過程。除了基本的香味與食材的獨特性之外，擺盤與顏色都有精細搭配，整體色彩豐富協調，既是品味美食也是欣賞藝術，米其林二星絕非偶然。

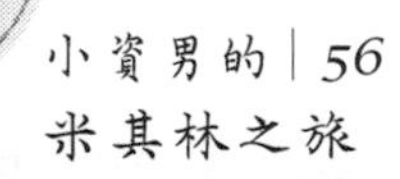

２人費用：

套餐：3,750*2=7,500

水費：150*2=300

總計：7,500+300+10%服務費=8,580

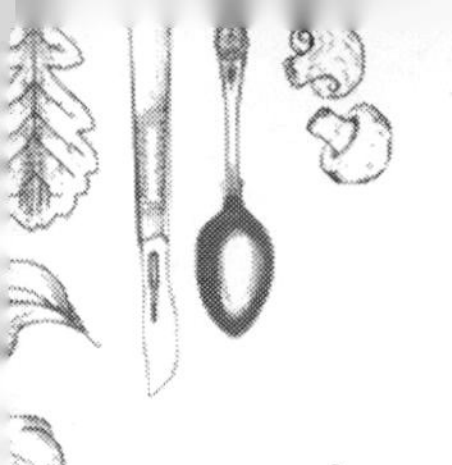

大腕

2021 年 | 米其林一星★

2021/10/11（一）| 用餐人數：4 人

位在臺北東區的「大腕」，已蟬聯四年米其林一星，店面不大，僅有一小招牌亮著燈，深色木質元素已有些老舊，外觀質樸親民，就像一般燒肉店。平時訂位就相當困難，疫情一解封後更是就馬上額滿，以前是晚上六點才開始營業，解封後改爲四點就開始收客人，依然供不應求。

一進店內，便可以看到一張牛肉部位介紹圖，同時也是工作人員工作服上的圖案，可愛又有特色。入座時間一到，因爲空間不大，便將包包集中放在置物櫃中，坐起來更舒服沒負擔。

首先是芝麻水菜豆腐沙拉，水菜口感和生高麗菜很相似，非常多汁，撒上滿滿白芝麻與胡麻醬，一旁的豆腐外脆內嫩，是稱職的開胃沙拉。

小菜綜合拼盤有小黃瓜、韓式泡菜與醃蘿蔔，小黃瓜爽脆多汁並醃得很香，酸酸甜甜又沒有很重的瓜味，讓人一口接著一口，另二道小菜也開胃解膩，適合在吃完油膩的肉片後搭配著享用，一次是兩人一盤，分量不小，可留到後面當清新口腔用。

第一道是幻切牛舌，在臺灣是少見到如此完整的一條厚

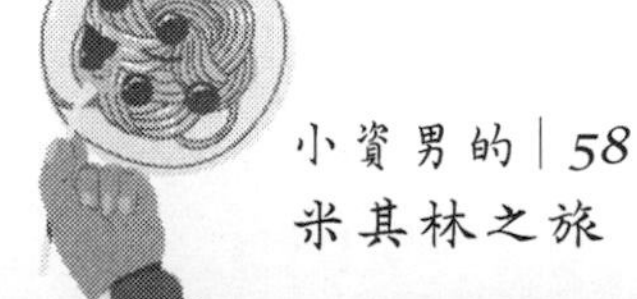

切和牛牛舌，外觀鮮美浮誇。牛舌切成一塊一塊，相當氣派！牛舌先烤三分熟後，還要拿起來靜置幾分鐘，再繼續回烤，燒烤完成後，一口咬下，油脂馬上在口中噴發，口感扎實有彈性，又脆又嫩，相當肥美，可以吃到明顯的牛肉香氣，難怪成爲必點菜色！

接著是鹽蔥牛舌，這道是薄切的牛舌，常見於一般燒烤店，搭配鹽與蔥，入口明顯感受到油脂比例較低，不如剛剛那道幻切牛舌油膩，口感一樣有彈性，鹽蔥的鹹與香可以中和掉牛肉的騷味，味道較爲溫和，一樣是美味的牛舌，適合不敢吃太有彈性牛舌的人。

椒鹽松阪豬肉，肉質扎實有彈性，鮮嫩多汁，保有松阪豬本身的 Q 脆嚼勁，椒鹽的鹹帶出豬肉的香。

當日最驚豔的菜色是日本和牛板腱，光看那油花就像在看藝術品一樣，漂亮的分佈，又薄到驚人，中間擺放洋蔥泥，牛板腱只會烤單面五分熟，烤完捲起一次送入口中，那噴發而出的肉汁香氣、牛肉半生的口感和那鮮嫩多汁的肉質，只能用絕頂美味來形容！

杏鮑菇是很多人來大腕都會點的蔬菜，樸實的外表，實際上卻多汁，口感爽脆，淡淡的香氣，爽口解膩。

日本和牛翼板搭配芥末與鹽昆布，肉是厚切狀，一口咬下外脆內軟，有嚼勁卻又不會難以入口，原味的翼板牛肉就已經夠美味，蘸上芥末，入口的衝擊瞬間被肉汁中和，帶出翼板的甜味，而鹹昆布的鹹則是能帶出牛肉本身的香氣，雖鹹卻香，味道相疊，令人愛上加鹹昆布後的翼板。

日本山藥，厚實又大塊，抹上胡椒與烤肉醬，入口滑順，山藥多汁，口感黏稠又爽脆，味道上有胡椒做提味，讓山藥帶有鹹味，不會覺得呆板無趣。

下一道是烤肉醬霜降牛五花，一般人對牛五花的既定印象，應該都是日式丼飯裡頭，切得薄薄，口感偏乾稍硬的照燒牛五花肉片，要不然就是火鍋裡頭，涮兩三下、蘸上蛋液，就可以馬上入口的火鍋肉片。但大腕的牛五花，厚度大約是平常兩倍，那入口卽噴發的肉汁、軟嫩 Q 彈的口感與肥美卻不膩口的脂肪，搭配本身就已塗抹在肉上的烤肉醬與檸檬汁，讓人直覺這就是臺灣牛五花的天花板。

日本和牛後臀上蓋肉是當日限量食材，先熟成了八個月才得以成爲料理，在食用前先聞一下香氣，再一口塞進嘴裡，肥美多汁，回味無窮。

最後是日本和牛 SHABU，部位是紐約客，切的極薄又大片，油花美得驚人，明顯看出幾乎整片肉有九成以上皆爲脂肪，服務生先是將肉片浸泡於醬汁中，再小心翼翼拿上烤爐上燒烤，抹上烤肉醬後不一會兒就可以夾起，肉捲得相當漂亮，擺放於準備好的一小坨飯球上，最後淋上蛋液，整個過程讓人口水直流，一口咬下肉與米飯，只能說絕頂美味！滿滿的油脂在口中噴發，肉質肥美且入口卽化，油脂與蛋液合而爲一，讓底下粒粒分明的米飯間隙都塞滿了肉汁，蛋液的香濃與米飯的乾爽恰巧中和了牛油的油膩，作爲結尾，讓整餐的滿足感直接飆升好幾倍。

能以燒肉擠進米其林星星的行列之中，燒肉界的霸主地位無庸置疑。食材的選用全屬最高級，燒烤的技術無懈可擊，用餐空間稍顯擁擠，但卻更有吃烤肉的溫馨感。服

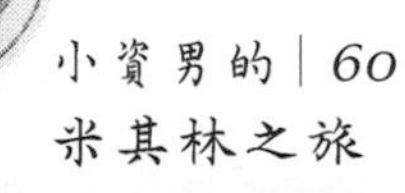

務親切，用餐時間有 90 分鐘的限制，稍屬可惜，但可以接待更多的客人，稍減訂不到位的壓力。如果預算許可，大腕絕對可以帶來臺灣最美味的肉品體驗。

4 人費用：

幻切牛舌：1,825
鹽蔥牛舌：400
椒鹽松阪豬肉：520
日本和牛板腱：1,120
日本和牛翼板：1,800
烤肉醬霜降牛五花：420
小菜綜合拼盤：320
杏鮑菇：100
日本山藥：200
芝麻水菜豆腐沙拉：220
可樂：80
HIGH BALL：150
冰烏龍茶：160
柳橙汁：80
當日限量食材：1,000
日本和牛 SHABU：2,480
總計：10,875+10%服務費=11,963

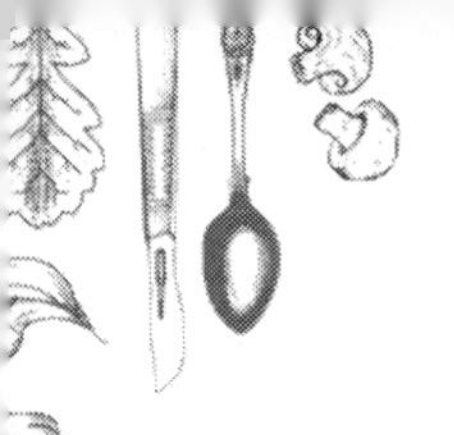

教父牛排

2021 年｜米其林一星★

2021/10/23（六）｜用餐人數：4 人

「教父牛排」已經蟬聯四年（2018-2021）米其林一星殊榮，之所以名爲教父牛排，因爲鄧有癸在臺灣被大家尊稱爲牛排教父，已有 40 餘年料理牛排的經驗，最有特色的就是以最原始的方式，用木頭直火炭烤牛排，保留牛排最原始、最純粹的味道，也提供衆多牛排品項選擇，像是頂級美國濕式熟成牛肉、日本及澳洲和牛，最特別的是自家熟成，歷時超過十四天的美國乾式熟成牛肉，也是最多人選擇的餐點！

教父牛排有著斗大的招牌，步入室內讓人感受到整個空間的奢華感，入口處的吧臺豪華氣派，環繞的酒櫃陳列著滿滿的酒瓶，高挑的空間設計有增添寬敞的效果，使人感到舒適自在，用餐區域也很大，座位區隔恰當，不會受到隔壁桌的干擾，有舒適的沙發座椅，整體設計上格外親切舒適。

麵包是牛排館中數一數二，不夠可以續加，酥脆的外皮，不像一般法式麵包硬口又不好咬斷，麵包又嫩又Q彈，香氣十足，添加一旁的奶油與海鹽，帶出麵粉本身的香氣，咀嚼後麵粉散發出的甜，奶油味道很淡，不會太過油膩。

開胃菜是嫩煎鮪魚，鮪魚外層有煎熟，內部仍然維持生

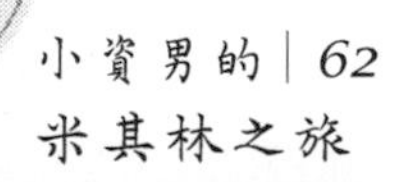

魚片狀態，口感外脆內嫩，沒有魚腥味，切片的厚度讓口感扎實有彈性，底部的普羅旺斯燉菜鮮甜，鹹甜中和的搭配爽朗解膩。另外一道開胃菜是澳洲老虎明蝦，明蝦體形大且肥美多汁，肉質有彈性，味道新鮮，可以吃到蝦子的鮮甜味，搭配底部生菜畫龍點睛，增添整體口感層次，帶出不同風格的香甜。

招牌湯品牛肝菌卡布奇諾湯，上頭一層厚厚的泡沫，頗像一杯卡布奇諾！不過味道完全與咖啡無關，濃郁的牛肝菌香氣搭配奶泡，味道不會濃郁厚重，反而相當剛好，有些類似清爽的蘑菇濃湯，相當暖胃。另一種湯品是義式蔬菜清湯，裡頭有數十種蔬菜，湯頭本身微酸，帶有各種蔬果香氣，裡頭添加培根使整體更有味道，蔬菜種類豐富，分量十足。

主餐是澳洲 7+和牛紐約客，以分級來說，澳洲最頂級的爲 M15，這道爲M7，八盎司的分量看似不大，但以一人份來說，飽足感十足，紐約客相較其他部位，肉質更爲緊實，油花不如肋眼那麼多，不過仍在在菲力之上，外皮烤的酥脆，內部肉質很嫩，油脂在口中爆開，容易膩口，搭配隨餐附的紅酒醬汁相當解膩。

第二道主餐是教父自製美國頂級乾式熟成肋眼牛排，其特色除了熟成手法之外，還強調只能一次點二人份，表示分量相當大，牛肉採用的是 prime 等級的美國牛肉，相對於日本和牛是 A5 等級的意思，肋眼牛排屬於油花多的部位，因爲分佈較爲均勻，整體比例適中，不會太快膩口，肉質一樣外脆內嫩，相對於和牛比較沒有那麼油膩，口感有彈性，保有肉汁香氣又扎實帶勁，搭配紅酒醬汁、海鹽與芥末籽醬汁都很適合。

第三道主餐是香烤臺灣究好豬排，部位爲豬肋排，肉質軟嫩，豬肉的粉嫩色澤迷人，呈現漸層狀態，肋排本身異常多汁，肉汁不油膩。一旁的蘋果燉煮軟爛，接近入口卽化的程度，帶有迷人的肉桂香氣，搭配本身肉味不重的豬肋排，增添了香甜可口的風味。

配菜爲蘿勒炒蘑菇，蘿勒葉香氣濃郁，蘑菇口感爽脆，對於解膩相當有用，適合搭配牛排一起品嚐。另一道配菜是烤馬鈴薯，把一整顆的馬鈴薯挖開一道裂縫後，塡滿酸奶再撒上滿滿的培根碎片，香氣濃郁，口感已近乎馬鈴薯泥程度，搭配滿滿的酸奶，奶香在口中爆開，接著是培根酥脆的口感，與不搶戲卻畫龍點睛的鹹香，明明是屬重口味的配菜，卻不會與牛排衝突，完全不膩口。

甜點是現烤蘋果塔，外皮酥脆，裡頭是滿滿的蘋果餡，酸酸甜甜的雞心辣椒莓果醬搭配蘋果塔本身就很協調，辣椒的衝擊突然在尾韻冒出。壽星有提供巧克力生日蛋糕，是苦甜類型，完全不會膩口。

地理位置跟其他星級餐廳一樣位於大直，用餐環境明亮寬大，空間氛圍舒適愜意，菜色選擇多元，除了牛排是臺灣頂級的存在外，豬排的料理也毫不遜色。訂位難度適中，在一星餐廳中屬中間價位，服務細膩到位，論牛排的美味程度，絕對是教父級的地位，在臺灣若沒吃過教父牛排，可說是沒有吃過眞正的牛排，不愧爲臺灣第一家摘星的牛排店。

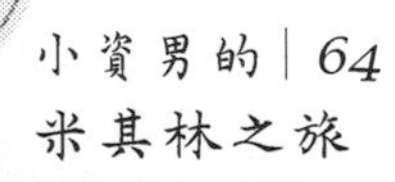

4 人費用：

M7 紐約客牛排午餐 8oz：2,600

香烤豬排午餐：1,850

乾式熟成肋眼牛排 16oz 午餐：5,600

水資：240

總計：10,290+10%服務費=11,319

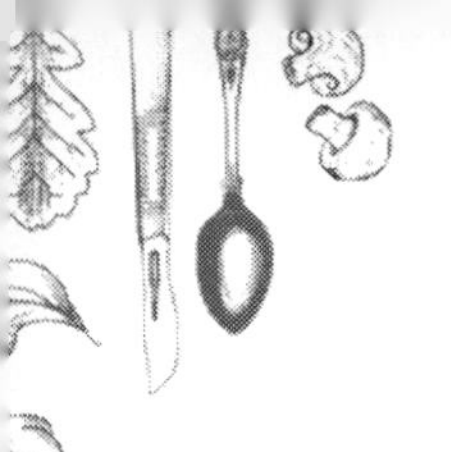

RAW

2021 年｜米其林二星★★

2021/10/27（三）｜用餐人數：3 人

在臺灣，對美食稍有研究的人，絕對不可能不知道「RAW」。這間首屈一指的餐廳，位於大直米其林區，蟬聯多年米其林二星，是國際知名主廚江振誠掌勺的高級餐廳，其料理之創意與烹調手法相當精湛，令人驚艷。

江振誠來頭不小，20 歲時便成爲臺灣餐飲史上最年輕的法式料理主廚，25 歲時已擔任法國米其林三星餐廳 Le Jardin Des Sens 執行主廚的傳奇人物，更於 2007 年被《時代》雜誌讚譽爲「印度洋上最偉大的廚師」，並獲選爲「全球最佳 150 位名廚」。

在經歷了疫情的三級警戒之後，迎來了 RAW 開幕以來最大的一季菜單——World Tour III，江主廚用多年累積的人脈與交情，集結了全球 13 間知名餐廳，總數達米其林 28 顆星星，與許多國際名主廚共同組成了一份華麗菜單，其宗旨是想在這因疫情被限制出國的情況下，讓人們透過舌尖味蕾的饗宴，重新想起旅行的美好體驗，讓吃飯也能成爲一種旅行。

RAW 非常難訂，甚至被譽爲全臺灣最難訂的餐廳！但訂位沒有技巧，就是沒事一直刷官網！看有沒有人取消訂

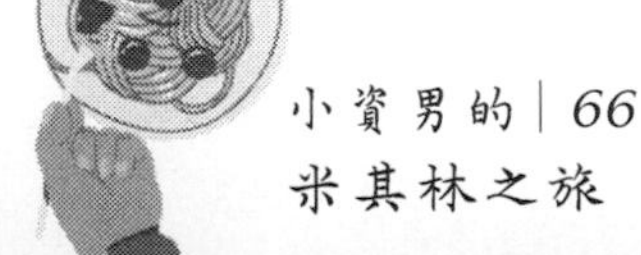

位，每天中午 12:00 都會更新至最新的日期空位。這次 World Tour III 的新菜單因 10 萬人同時湧進訂位系統，造成網站大當機，竟意外訂到 2021 年 10 月 27 日中午 11:30 的開幕餐，可說是異常幸運。

餐廳外部斗大的寬敞大門與落地玻璃窗都已佈置妥當，以色彩繽紛的海報作爲裝飾，每一張圖代表一個合作的餐廳城市，風格活潑又帶有復古情調。進入大門後，映入眼簾的是 RAW 最著名的巨大流線型木材拼接吧臺，一旁則擺放一系列周邊商品，彷彿置身機場中，一系列沉浸式體驗，目的是喚起在機場等待飛行時的回憶。

RAW 的室內空間設計出了名厲害，核心概念以 Craft & Nature 爲發想，超脫過往對於空間的經驗，透過圓潤而質樸的原木線條，將客人引領至用餐區，巨型而醒目的「雲朵」造型吧臺，採用南方松切塊再重新組裝，將細膩在地工藝與雕刻手法融入建築結構美學中，靠近時還能聞到木材散發的香氣。吧臺相對的牆面則使用建築原料——混凝土，在施作的過程中，特別用木模板固定，完成後混凝土上就有了自然的木紋，運用這樣的方式將自然包藏在技藝中，這些概念正好與餐廳名稱 RAW 相呼應，其代表的是自然、原生、未經加工的。

內用環境非常寬敞，昏暗的暖燈光搭配木材、混凝土等元素，格外讓人感覺溫暖又舒適。桌上擺放著一本來自 13 個國家的登機證，象徵著環遊世界的 RAW Airline 即將啟航，明信片畫面結合每座城市鮮明元素和特色，風格復古又活潑，感受到滿滿的活力。

首先登場的是滴雞精，作爲秋季天涼的暖胃菜色，使用臺灣放山黑羽雞，以炭火慢燉與法式澄清手法製成，香氣非常濃郁，甚至有些類似渾厚奶香，喝入口中時卻相當清淡柔和，在身子裡頭暖暖的非常舒適，讓人味蕾馬上開啟。

RAW 的餐酒搭配非常知名，既已千辛萬苦訂到位，當然絕不能錯過這場酒與食物交融的完美樂章。Wine Pairing 以環法自行車賽爲靈感，是開業以來前所未見的組合，同時可以品嚐到酒精、非酒精與茶飲三種飲料。首先是白香檳，作爲開胃菜色的搭配，帶有焦糖堅果香，剛好適合與酥脆食材一同享用。

一場精采的旅行卽將展開，第一站來到美國加州的米其林三星餐廳「Manresa」，這一道料理是 Granola Crisps，由於加州人崇尚自然與健康飲食，因此使用綜合穀物，想打破許多人對燕麥棒的難吃印象，使用多種健康食材與香料，製成兩片脆餅，並在中間夾入山羊乳酪，使這道穀物脆片不只酥脆香甜，又多了一層乳酪的鹹香與羊獨有的騷味。

第二站是西班牙米其林二星餐廳「Mugaritz」的料理 Squid Suspension，主廚 Andoni Luis Aduriz 是位分子料理的鬼才，曾有多項驚人的代表作。帶來的是一條造型令人不解又印象深刻的「花手巾」，使用墨魚高湯製作，再以食用小花點綴，最後噴上來自日本秋田的清酒，當看到這精緻小巧的料理，只能驚呼這已經是超越人類所能理解的料理，完全是藝術品！味道上帶有淡淡的花香，口感彈嫩微鹹。

抵達下一站之前，先來杯無酒精的香檳，是來自法國的綠葡萄汁，酸酸甜甜的，適合搭配接下來的兩道海鮮料

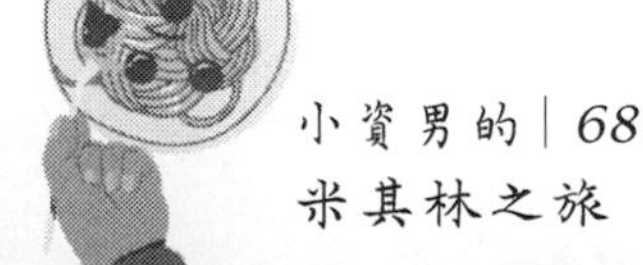

理。

第三站抵達香港一間非常有名的米其林二星餐廳「Amber」。擅長海鮮料理的主廚，帶來生蠔料理 Oyster, Horseradish, Sudachi Wakame，有別於以往用檸檬做搭配，這道料理以酢橘製成的棉花糖覆蓋於生蠔之上，味道更顯細緻高雅，外觀小巧可愛，醬汁清爽，帶些甜味，生蠔飽滿多汁，味道略腥，搭配無酒精飲品，甜度恰好中和，是一道極具創意的料理。

緊接而來是 RAW 的經典麵包，搭配濃郁卻不膩口的鮮奶油，和可可藜麥。第四站來到英國倫敦的米其林一星餐廳「The Clove Club」，體驗英國著名創意餐廳的獨特海鮮料理 The Clove Club Sardine。這一道是「Fish and Chips」的變奏版，使用的是魚刺、魚骨最多的沙丁魚，主廚早年曾到訪日本，受到當地職人精神的影響，已將大部分魚骨去除，僅剩下些許細刺，因使用軟刺手法，所以能夠直接入口。魚肉先抹上英國伍斯特辣醬製成的美乃滋後，搭配香酥薯片一口吃下，相當美味。最後，再搭配一旁以魚骨和威士忌熬煮成高湯，香濃可口。

第五站來到瑞士的米其林三星餐廳「Schloss Schauenstein」，其主廚「Andreas Caminada」被評選爲世界上最會穿搭的主廚，餐廳位置唯美夢幻，位於瑞士阿爾卑斯山上的城鎮中。從他設計的料理 Onion Physalis 中，可以感受到當地風景的浪漫，還有當地的作物—洋蔥、辣椒與燈籠果，以南美洲獨特的料理方式「ceviche」來製作蔬菜料理，色彩非常繽紛，是豔麗的粉紅色，搭配各種彩色蔬果，散發著一股獨特的可愛氣息。洋蔥香氣撲鼻，顛覆對怪異顏色料理的想像，味道非常柔和清爽，酸酸甜甜的就像戀愛的滋味，洋蔥淸香是主體，一小塊的鹹乳酪又帶出蔬果的香，讓人意猶未盡。

隨後，是一杯無酒精飲料，以檸檬馬鞭草、枇杷花與甘草調製，帶有草本清香，尾韻會回甘，舒適的調味用以搭配接下來的兩道辛香料料理。

第六站來到德國柏林的米其林二星餐廳「Restaurant Tim Raue」。主廚 Tim Raue 擅長亞洲菜，這道料理 Cured & Roasted Pike 雖然是採法式擺盤，卻是滿滿的亞洲元素，以米麴醃製的鱸魚搭配西谷米製成的西米露，底部則是以魚骨、牛骨與煙燻魚露製成的湯頭，是一道有西方外表，卻擁有東方靈魂的料理，正如主廚 Tim Raue 本人。鱸魚鮮美又彈嫩多汁，上頭魚子醬的鹹恰好帶出魚肉本身的甜，底部湯頭是靈魂，讓整體更完整，一旁的西米露酸酸甜甜，正好中和海鮮的腥味，是一道層次豐富、味道彼此交融的完整料理。

第七站來到位於秘魯的「Central」，這是一間不是米其林，卻在世界排名第六的餐廳。這道餐點 Water Prawn, Avocado and Squash，外觀浮誇，以南瓜做爲盛裝容器，還有一圈以新鮮花朵製成的花圈圍繞，所有人一看到這道料理都驚呼連連。食材也和外表一樣豐富，以甜蝦殼製成的高湯與南瓜泡泡爲基底，層層疊上不同食材，最底層爲濃稠狀生酪梨鋪上格外彈牙的甜蝦，接著是一層秘魯煙燻辣椒醬，帶有濃郁的煙燻與香料味，再疊上北海道新鮮海膽，最後擺

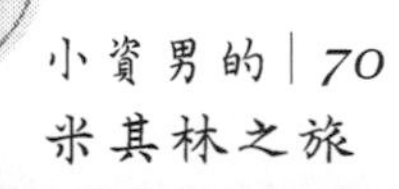

上精美的南瓜脆片，這些食材的口感、味道都不相同，合而為一時卻完全不突兀，彼此交融，每一口都有不同風味，時而香甜、時而爽脆，南瓜與酪梨等蔬菜正好解海鮮的膩與腥，海鮮帶來的彈嫩口感又與南瓜脆片相襯，不同的食材交織搭配在一起，碰撞出五顏六色的火花，精彩且令人驚喜。接著是白酒，帶有蜜桃與奶油香氣，剛好搭配下一道日本燉飯。

第八站來到日本東京的米其林三星餐廳「L'Effervescence」，Shinobu Namae 主廚是日本首位以法式料理獲得米其林三星肯定的廚師，這次跳脫框架，打破法餐無米飯的不成文規定，設計了這道餐廳開業十幾年以來，第一次使用米飯入菜的料理 Risotto of Abalone, Karasumi and Truffle。這道燉飯使用來自日本屈指可數的仙台大米，並以北海道干貝高湯燉煮而成，搭配松露、鮑魚與烏魚子，再以日本蘿蔔及紫蘇點綴而成，不愧是來自日本的米飯，口感非常Q彈又粒粒分明，燉飯的調味則屬於清淡卻高雅，吃完相當舒適。

第九站，終於來到臺灣的「RAW」！江主廚帶領的米其林二星團隊所帶來的料理是 Beeswax Foie Gras，以拿手的鴨肝做主體，使用獨特的蜜蠟將鴨肝包覆在內，並熟成多日，這獨特的概念發想是來自江主廚在西班牙與義大利時，觀察到當地的烏魚子不像臺灣直接吊著風乾，而是以臘封住後才吊著的處理方式而來，所以使用這個手法來調理鴨肝，外皮蜜蠟的蜂蜜會滲入鴨肝而使鴨肝帶有獨特的甜味，鴨肝濃郁的獨特氣味搭配香甜的蜂蜜清香，配上一口酥脆的法式麵包，層次豐富，迷人可口。享用完後，還搭有一杯非常獨特的紅茶，甚至有專業的侍茶師講解說明，採用一心二葉烏龍茶發酵，名爲紅茶卻帶有綠茶的清爽淡雅質地，絲毫不生澀，非常香醇，回甘於口中作爲收尾，令人心滿意足。

第十站來到義大利的米其林一星餐廳「Ristorante Lido 84」，帶來一道海鮮料理 Sole, Trumpet and Courgette。這道料理以加爾達湖畔的板魚爲主體，外頭裹著一層櫛瓜泥，並以羅勒、萬壽菊及柑橘作爲點綴，食材幾乎全爲當地進口，擺盤精緻優雅。板魚的口感彈嫩，類似生魚片的口感，帶有羅勒與櫛瓜的清香，恰巧中和海鮮的腥，葡萄則是畫龍點睛，使帶鹹的魚又多了蔬果的清爽甜味，味道上協調的非常融洽，其細膩程度與其外觀精緻度不相上下。接著是南法紅酒，味道帶有獨特的皮革香氣，剛好搭配後面的野味料理，非常適合秋天。

第十一站，也是本日的主餐，來自英國諾丁漢的二星餐廳「Restaurant Sat Bains with Rooms」，主廚 Sat Bains 是江主廚的師弟，特地爲了本季菜單設計此道料理 Venison Caliginous。外觀獨特，一上菜只見一片黑色簾幕，待講解完料理的意境後，令人對其創意深感佩服。原來這塊簾幕象徵的就是 COVID——19 籠罩於整個世界，掀開簾幕則有如在黑暗時期過後的重見光明，底下則藏著五彩繽紛又精緻，以許多小花點綴的料理。黑色簾幕以蘑菇、松露及干貝製成的薄膜，香氣濃郁，底部則以野鹿肉爲主體，口感富有層次，整道料理野味十足，帶入當下的濃濃秋意。

第十二站來到美國舊金山的三星餐廳「Benu」，帶來第

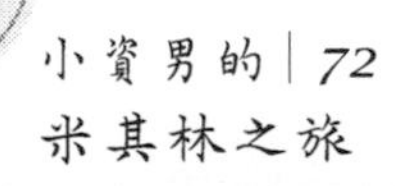

一道甜點 Charcoal Caramel，其外觀非常簡單，就是一坨白色奶酪，殊不知這是當季菜單中最繁複的一道料理，起司由自行發酵的牛奶製作，用來煙燻起司的泥煤則是需要特別進口，再搭配威士忌糖漿。上頭的起司帶有濃郁的泥煤煙燻炭香，搭配甜甜糖漿，味道前所未有，顯得特別迷人。接著是搭配最後一道料理的烏龍茶，茶香非常濃郁。

最終站，來到美國紐約的三星餐廳「Eleven Madison Park」。本道甜點 Milk and Honey 以牛奶加薰衣草攪拌製成冰淇淋，淋上蜂蜜，以椪糖及蛋白霜作爲搭配，其主廚 Daniel 的用意是希望用甜蜜的滋味來喚醒疫情下的大家，有朝一日能親自拜訪紐約 EMP。甜點一入口，就讓人感受到來自紐約的熱情，甜度爆表，一旁搭配的椪糖及蛋白霜則讓甜度加倍，尾韻卻帶微苦，這時配上一杯烏龍茶再適合不過，苦甜中和後，順口又令人感到幸福。

這季菜單相較於過去各季菜單來的盛大，每道料理都有其背景故事，可以體驗來自世界各國頂尖餐廳的不同風格，每道料理都如藝術般令人費解，但卻又如此迷人。服務好的沒話說，顧客都能感受到江主廚所希望帶來的歡樂氣氛。World Tour III 套餐搭配佐餐酒，加上水資與服務費後，是破萬的天價，但訂位卻是異常困難，足見其魅力非凡。RAW 很有機會成爲下一家三星餐廳，更是臺灣餐廳中最獨一無二的存在。

3人費用：

套餐價格：6,600*3=19,800

佐餐酒：2,600*3=7,800

水資：120*3=360

總計：27,960+10%服務費=30,756

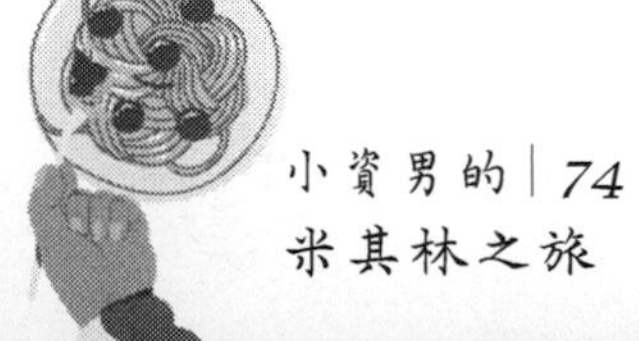

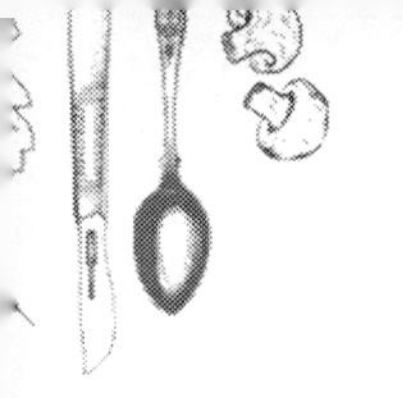

吉兆割烹壽司

2021 年｜米其林一星★

2021/11/11（四）｜用餐人數：3 人

已經連續蟬聯四年米其林一星的「吉兆割烹壽司」，位於東區巷弄中，低調卻不凡。店面採全預約制，提供無菜單料理，主要提供生食以及握壽司。

店門口僅有一小木門與一旁的木牌，寫著斗大的吉兆割烹壽司六字，風格日式復古，低調簡約，給人一種靜謐的舒適感。

玄關區域除了一小櫃檯外，還有一面造型牆，撲鼻而來的檀香讓人瞬間身心放鬆，令人彷若置身於日本高級食堂中。步入店內，映入眼簾的是一整排木製吧臺，師傅與服務生齊聲用日文說歡迎光臨，這是日式料理餐廳的最大特色，擺設與空間設計整潔一致，舒適自在。

入座後送上熱毛巾供擦手，與一杯溫熱的抹茶，寒流中手中緊握茶杯取暖，實在讓人幸福。

開胃菜銀杏，上頭撒上鹽巴，香氣中略帶些許鹹味，溫暖開胃。

開胃小點酥炸章魚，外皮炸得酥脆，章魚肉口感彈嫩，一下就進到肚子裡。

開胃湯品石斑魚湯，以石斑魚燉煮而成的高湯，湯頭鮮美，入口先是淡淡的清香，尾韻則有魚肉本身的氣味，搭配海苔片提味，香濃順口。

第一道生食眞鯛，生魚片切的相當薄，肉質新鮮彈嫩，略帶筋，咬起來有嚼勁。

松葉蟹的蟹肉彈嫩鮮美，除了蟹肉本身的香氣之外，還搭配金桔，彼此交融，互不搶戲。

煎酥魚搭配醬油與芥末，外皮煎的焦脆，薄薄一層覆蓋於生魚肉上，口感順口。鮑魚則是搭配海鹽與芥末，口感彈性卻軟嫩，不會難以咀嚼，海鹽又能帶出其甜味。

寒鰤魚肚較其他道生魚片有厚度，口感 Q 彈，肉質肥嫩，沒有太多調味，卻也不會單調。

牡丹蝦底部醬汁用蝦膏液與海膽製成，鮮味十足，上頭撒上食用小花，除了點綴之外，其味道也替整體增添了不少層次，牡丹蝦口感有彈性，搭配濃郁的醬汁，蝦膏與海膽味道突出。

醃漬扇貝的扇貝非常大顆，肉質扎實飽滿，很有嚼勁。

鮭魚卵飯用一個小巧的容器盛裝，裡頭是一顆顆偌大的鮭魚卵，搭配一小口塑形成圓球狀的白飯，米飯粒粒分明，搭配入口及噴的鮭魚卵及海帶，令人滿足。

熟食目光魚保留魚皮並且炙燒的相當酥脆，底下魚肉鮮嫩多汁，厚度非常薄，口感上脆下嫩，擠上檸檬汁，酸甜中和，搭配魚本身的鹹，層次豐富。

第一道是鮪魚中腹握壽司，口感彈性，色澤鮮美，不會太過油膩，恰到好處。

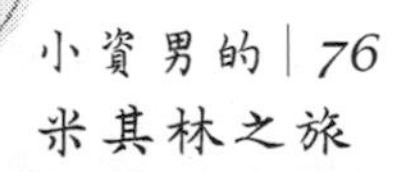

烏賊握壽司的口感像蒟蒻一樣彈彈脆脆！

接著是島鯵握壽司，島鯵又稱大竹莢魚，紋路包覆著下頭米飯，渾然天成。

鮪魚大腹握壽司相較於前面那道鮪魚中腹，油脂更豐富，更加入口卽化。

紫海膽握壽司最獨特之處就是保有海膽本身的香氣，卻又自帶甜味，入口有海膽的鮮味，尾韻則是甜美中又摻雜一些苦澀，香氣迷人。

醃製的鮪魚握壽司，相較於前幾道品嚐的是生魚片本身的香氣，經過醃製的鮪魚帶了醬油的香氣，口感彈嫩。

熟食長崎鰻魚，外皮焦脆，肉質鮮嫩多汁，不會太肥，以山椒調味，尾韻會讓口腔略爲香麻，搭配小黃瓜解膩又清爽。

最後一道主餐是虱目魚飯，魚肉外皮一樣處理的薄又脆，魚肉肥又嫩，米飯粒粒分明，上頭撒上細緻的青蔥，格外美味。

味增湯的湯頭香甜，加上滿滿的蔥，香氣十足，特別的是搭配的豆皮，豆香非常突出，滑嫩至入口卽化的程度，令人驚喜。

甜點是玉子燒，口感像法式甜點巴斯克乳酪蛋糕，綿密細緻，甜甜的像蜂蜜蛋糕。

爲壽星準備的壽司蛋糕漂亮又浮誇，分量十足，令人吹了一次難忘的蠟燭！

甜點是淋上松露蜂蜜的起司優格，入口先是濃郁的松露香與蜂蜜甜，再來是起司的鹹香與優格的奶香，裡頭還有蜜柑與葡萄，增添清爽感。

服務體貼入微，補茶水有效率，講解詳細，小菜醃蘿蔔有獨特的香氣，食材新鮮度、刀工與烹調技巧皆屬上乘，菜色的道數更是豐富到讓人有永無止盡的感覺。用餐環境簡約乾淨，無可挑剔，壽星的蛋糕更是令人驚喜。訂位的難度上屬於只要有心即可達成的目標，價位屬一星壽司的均標，吉兆割烹壽司的一星實至名歸。

3 人費用：

午餐預付享星級無菜單料理：5,000*3=15,000

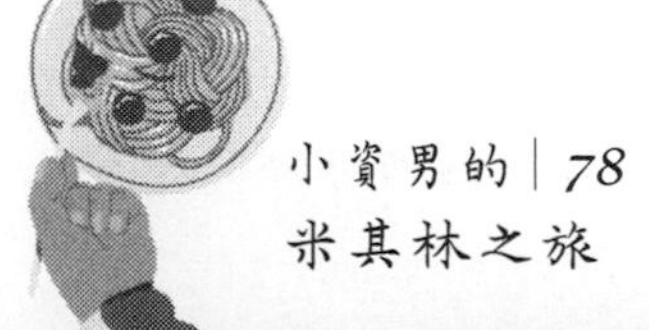

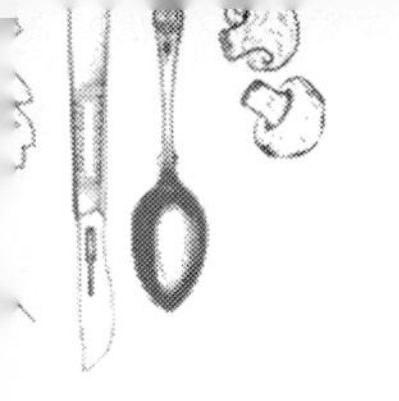

渥達尼斯磨坊

2021 年｜米其林一星★

2021/11/13（六）｜用餐人數：2 人

位於中山區慕舍酒店內的「渥達尼斯磨坊」，是一間尚未正式營運就獲得米其林一星殊榮的餐廳，雖爲新開幕其來歷卻不簡單，本店可是於西班牙當地榮獲米其林二星的名店，並且已經蟬聯十四年米其林星級餐廳，在當地有「從庇里牛斯山走下的精靈」之稱號，臺灣分店是該餐廳唯一的海外餐廳，其套餐內容與本店同步推出，能讓人品嚐到西班牙在地的餐點，並以分子料理形式呈現。

一進入餐廳，便能看到許多風格獨特、色彩鮮明的畫作，和造型稀奇古怪的各種裝飾品，給人親切又活潑的用餐氛圍，寬敞的空間設計與長型餐桌，彷若置身於西班牙當地餐廳，環境舒適愜意。

簡短地介紹當日餐點後，便很快速的送上麵包，搭配橄欖油與紅酒醋。鄉村麵包是酸種麵包的一種，帶有一股發酵的酸味，外皮酥脆而麵包體則彈性十足，搭配紅酒醋會替整體增添不同層次的酸與甜，與麵粉味道搭在一起恰到好處。

焦糖臘腸捲的外觀小巧精緻，大小有如兩個小膠囊，外層是以薄焦糖與煙燻紅甜椒粉製成的糖片，取代傳統腸衣，裡面包裹的是巴斯克臘腸與蛋黃打製而成的慕斯內餡，外層薄脆且入口即化，焦糖的甜在口中化開後，隨之而來的是濃郁的臘肉煙燻香，鹹中又帶甜，口感綿密。

裸麥麵包相較前面的鄉村麵包，少了酸味，多了一股濃郁的麥子香，兩者風格不同卻同樣讓人喜愛。

第二道料理取名相當浪漫，主廚將之稱爲後院，其經典程度甚至連西班牙本店開業 14 年至今也從未更換過，外觀精美，希望呈現西班牙本店後花園的小石子造景，意境優美。小石子是以生蠔、奶油與牛奶搭配帕瑪森起司製成的液態氮晶球，其質地柔軟、入口即化，而綠色黃瓜則以米醋及香料醃製過，瓜味柔和且帶酸甜香氣，口感爽脆多汁，搭配一旁的綠色香草醬更提升整體層次。

第三道料理爲綠野，本店位於庇里牛斯山中，象徵著山谷中那一片令人心曠神怡的綠地。外觀非常唯美，圓形容器中盛裝的時蔬就像是夢境中的一座小花園，與世隔絕，料理最底部是以沙丁魚、鯷魚等食材搭配蛋黃液製成，口感類似卡士達，蛋香中又能品嚐到海鮮的鹹與鮮，雖使用重口味的魚卻毫無腥味，上頭是多種時蔬搭配而成的精緻造景，以經過多次發泡的黃瓜醬汁做爲呼應，並以晚香玉筍、油菜梗、荷蘭豆、川七花等食材做點綴，蔬菜與醬汁、蛋味彼此交融，合而爲一，絲毫不突兀，也不會感覺口中充滿草味，除了外觀美的不像話之外，調味上也無懈可擊。

接著是松霧蝦，上桌時先以透明蓋子籠罩住，打開後霧氣瞬間竄出、散去，煙霧瀰漫的畫面營造出庇里牛斯山森林雲霧繚繞的氛圍，胭脂蝦則象徵大西洋，同時散發著濃郁

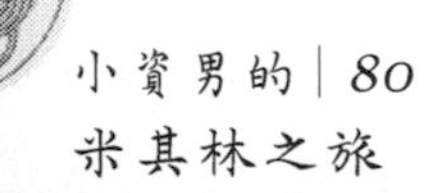

的煙燻香，如夢似幻。北海岸胭脂蝦蒸至三分熟後，於上菜前以松針燃燒煙燻，並將煙霧包裹在玻璃罩之中，打開罩子待煙霧散去後，再淋上醬汁，醬汁是以豬腳、火腿燉煮而成，有濃厚的膠原蛋白，上頭再以茴香苗與韭菜花點綴，細緻高雅。胭脂蝦肉口感彈嫩，帶有濃郁的松針煙燻香，醬汁則散發一股迷人的豬油香甜，質地略帶膠狀，替蝦肉增添不同風味，整體色、香、味俱全。

第五道料理滾石，以細密的馬鈴薯泥作爲基底，擺上酥炸薯皮擬作石塊，將橄欖油與煙燻葵花油脫水物化後製成粉末狀，撒於盤中。薯泥片薄脆可口，粉末入口卽融，搭配底下綿密的馬鈴薯泥入口，整道料理充滿馬鈴薯的蹤影，卻不會讓人覺得單調，呈現出令人驚喜的美味。

第六道料理爲海竹，意謂大海上的竹筏，蘑菇象徵風帆，搭配北海道生食級干貝與炙烤過的珍珠小洋蔥，以淡菜烏賊高湯爲底蘊。湯頭帶有濃郁的蘑菇香氣與海鮮的鮮味，尾韻則能嚐到洋蔥的甜，層次豐富，與上頭干貝、洋蔥和蘑菇搭配，是一道讓人徜徉於大海中的料理。

主餐爲是美鴨，採用臺灣在地櫻桃鴨，以小火慢煎逼出鴨油後，再以明火烘烤至皮脆肉嫩，隨後淋上特製半釉汁，搭配帶有酸甜滋味的雪豆苗油醋沙拉，最後刨上少許的黑松露增添整體的質感、調性。鴨肉本身口感扎實豐滿，同時軟嫩多汁，半釉醬汁微甜、質地偏油卻不膩口，油醋沙拉的清爽感讓整體更爲調和。

雙味鯖魚分別以兩種手法料理鯖魚，其一爲西式眞空低溫烹調，另一種則是以日式手法快速炙燒魚肉表面，以白花椰菜泥鋪底，上頭再以日式高湯煨煮的海藻珍珠點綴。有別以往吃到鹹腥味偏重且油脂豐富的鯖魚，本道料理絲毫不帶任何海魚腥味，甚至肉質本身還帶些許甜味，完全不會膩口。低溫烹調的鯖魚肉質軟嫩，搭配醬汁提味與海藻珍珠昇華，口感豐富，而炙燒鯖魚則是外皮焦脆、肉質仍爲生魚狀態，類似日式壽司會品嚐到的料理。

接下來是金磚乳豬，讓人聯想到中式粵菜餐廳中會出現的菜色，豬皮非常脆，一咬卽碎，隨之而來的是底下肥美多汁的豬腳，膠質與肉幾乎合而爲一，非常鮮嫩，醬汁以豬尾熬製而成，膠質濃厚，味道卻帶豬肉淡香，柔和而不衝擊，底部洋蔥絲淸爽解膩。

甜點是外觀非常精美的春泥，以小巧的玻璃瓶盛裝五顏六色的食材，想要營造出土壤中充滿動植物的氛圍，底部以胡蘿蔔、奶油乳酪與巧克力打造出土壤的樣貌，裡頭還有一條小蚯蚓，以紫色甜菜根製成，整體味道複雜，卻又非常融洽，巧克力的苦甜爲基底，層層疊上不同食材的香甜，口感有巧克力的脆也有冰淇淋的綿，給人一種春日欣欣向榮之感。

第一道隱藏甜點外觀有如秋季的庭院落葉，酥皮以單純的牛奶製成，口感獨特，脆度在入口的瞬間融化，上頭的冰淇淋以黑麥風味的黑啤酒製成，帶有微微的酒香，再以松露點綴，有種高雅精緻的美味。

下一道隱藏甜點小巧可愛，是迷你版的可麗露、草莓棉花糖、瑪德蓮與松露巧克力。

壽星額外有生日蛋糕，是主廚特製的巴斯克乳酪蛋糕，

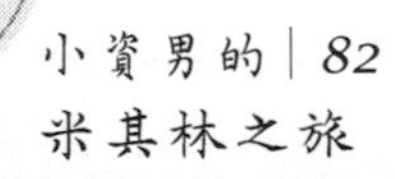

乳酪帶有濃濃的鹹香，與平常偏甜巴斯克截然不同，口感更爲柔軟。

慕舍酒店雖不若其他五星級飯店雍容華貴，但比起其他非座落於飯店的米其林餐廳，用餐環境仍屬一流水準。濃濃伊比利風的裝潢與擺設，配上與西班牙本店同步的料理，渥達尼斯磨坊在臺灣的米其林餐廳中獨具一格。餐點每一道的分量皆很小，但因爲菜的道數很多，整餐下來飽足感十足。料理在設計上與西班牙本地甚至大自然相連結，有其背後的故事與意境，讓用餐就像在旅行，甚至是在聽故事一般，讓人驚喜連連，價格與訂位難度在米其林星級餐廳中屬中等水準，是值得特地來摘星的一家好廳餐。

２人費用：

套餐：2,580*2=5,160

水資：120*2=240

總計：5,400+10%服務費=5,940

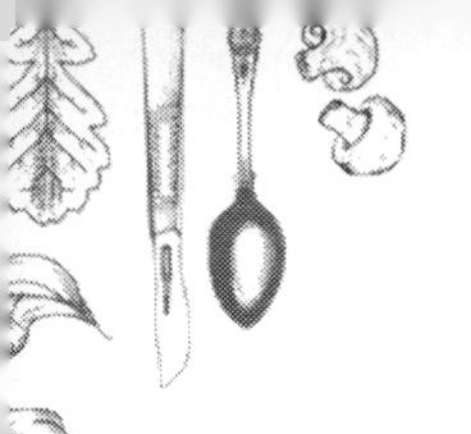

鮨野村

2021 年｜米其林一星★

2021/11/19（五）｜用餐人數：3 人

隱藏在仁愛路巷弄中的「鮨野村」，是一間連續三年蟬聯米其林一星的日式板前壽司，其灰階水泥外牆上僅有一扇的木製小門，符合高級日式料理店低調簡約的風格。

來臺多年的野村裕二師傅，以江戶前壽司爲本，對於食材和料理都非常講究。店內總共提供兩種米飯，一種爲來自四國水主町的有機越光米，而另一種則是來自北海道的七星米，以富士山當地的泉水烹調，搭配赤醋及白醋，因此有深色與淺色的握壽司米飯，師傅特別強調，許多人都誤以爲壽司的重點在於魚材本身，例如魚的級數、刀工如何、魚的鮮度等……，但對於野村的師傅來說，壽司料與醋飯並非只是主角與配角的組合，而應當是一體的，因此處理醋飯非常細膩，總共使用了五款不同的紅醋與白醋，這麼做是爲了帶出醋飯的不同氣味，例如味道較淡的魚搭配氣味較淡的醋飯，例如赤身，而油脂豐富、醃漬的魚，就適合搭配氣味較強烈的醋飯，以利於壽司料更鮮明地被呈現。

生魚片幾乎都來自日本當地，魚貨多是現撈而非養殖，絕對不經過冷凍，保有食材最原始的樣貌，口感與味道上與一般養殖生魚片不同。

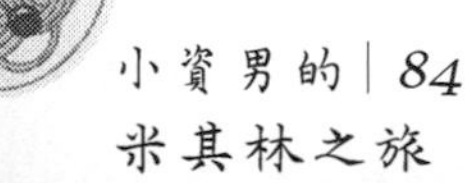

首先來了杯溫熱的抹茶，並且遞上熱毛巾，套餐種類分爲$3,000/10 貫壽司、$5,000/14 貫壽司。

開胃菜是一道暖湯，有一顆以日本明蝦製成的丸子，口感Q彈，可以吃到蝦子的口感，蝦味突出，清淡的湯頭佐以蔥絲，鮮甜順口暖胃。

眞鯛握壽司的肉質彈嫩，上頭以些許柚子鹽點綴，帶有柚子的香甜。

軟絲握壽司搭配了魚子醬，軟絲的口感與花枝有些相似，但更軟更好咀嚼，上頭魚子醬的鹹替味道清淡的軟絲增添了一絲海味。

北寄貝刺身握壽司和一般看到帶有紅色的北寄貝不同，這是新鮮、未冷凍過的北寄貝，其肌理緊美，肉質細膩緊緻，呈現灰色而尾巴部分則是淺粉色，因泡過昆布湯，帶有醬油香氣，口感柔軟中又帶有彈性。

水針魚握壽司是當天從日本千葉縣空運來的水針魚，紋理銀白通透、熠熠發光，相當豔麗，口感柔軟、細緻而不失彈性，風味清甜淡雅，富有韻味。

來自北海道的甜蝦握壽司，蝦子口感Q彈，是未經冷凍過，剛從日本空運來的新鮮蝦子，非常美味。

青甘腹握壽司是魚肚的部位，油脂豐富，咬入口中瞬間瀰漫濃郁的魚油香氣，相當過癮。

茶碗蒸以藍色圓點容器盛裝，裡頭添加日本獨特的蕨類水雲，又嫩又香，還有干貝、魚肉等等，配料豐富充滿鮮味。

鮪魚大腹握壽司的油脂豐富，口感細緻彈嫩，是來自日本青森縣石司的鮪魚大腹，石司是一間號稱擁有全世界最高品質鮪魚的壽司店，全臺灣僅能在野村壽司能有幸品嚐到來自石司的鮪魚，油脂香濃可口，新鮮又美味。

蔥花鮪魚握壽司不像一般在外面看到的蔥花鮪魚軍艦，蔥花藏在壽司底部，與醋飯搭配一起，吃醋飯時帶有青蔥的香氣，同時又讓上頭的鮪魚保有其本身的味道，完美融合。

紅喉握壽司是相當高級的魚種，油脂豐富，口感扎實飽滿，撒了些鹽巴調味，表皮有稍微炙燒過，因此帶了炙燒香氣。

接著是以海苔包裹的鮪魚赤身，是鮪魚的前背部，相較於腹部位置，較沒有那麼多油脂，在上頭撒了些鹽調味，搭配海苔相當清爽。

馬糞海膽軍艦壽司，是來自北海道的新鮮海膽，海膽於口中化開時的口感，令人感到幸福。

切成三小塊鮪魚泥海苔捲相當可愛，鮪魚美味且醋飯粒粒分明。

最後一道是野村的招牌星鰻握壽司，是米其林官網推薦的料理，星鰻紅燒醬汁入味，入口即化，相當美妙，作爲結尾令人滿足。

蛤蜊味噌湯的蛤蜊大顆飽滿多汁，湯頭鮮味十足，有海鮮清爽的鹹。

甜點是玉子燒，採用傳統手法，綿密香甜，上頭還印有のむら字樣，精緻可愛。

茶點是以日本烘焙茶搭配洛神花奶酪，洛神花醬香甜，

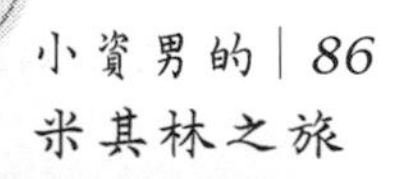

奶酪香濃可口，甜而不膩，搭配微苦焙茶，非常舒適。

用餐環境乾淨舒適，握壽司皆由野村師傅親自捏給客人，食材多從日本空運來臺，高級且新鮮。同行客人可選用不同方案的套餐，比其他星級板前壽司更有彈性，訂位不易，卻尚屬只要有心就可吃到的等級，是板前壽司的摘星首選。服務人員親切熱情，會聊天並仔細介紹食材內容與料理特色，用餐時舒適愜意，鮨野村絕對值得米其林一星的榮耀。

3人費用：

3,000元套餐*2=6,000
5,000元套餐*1=5,000
總計：11,000+10%服務費=12,100

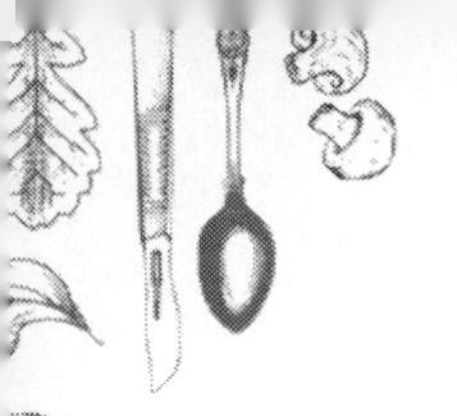

IMPROMPTU BY PAUL LEE

2021 年｜米其林一星★

2021/11/20（六）｜用餐人數：2 人

位於晶華酒店內的「IMPROMPTU BY PAUL LEE」，2018 年底開幕，不到一年便獲得 2019 米其林一星，且蟬聯至今，打破一般高級餐廳的料理形式，希望創造出 Casual Fine Dining 的獨特體驗，透過吧臺座位與開放式廚房的共同設計，營造出中西文化交融的板前 Casual Fine Dining 餐廳，讓用餐環境與廚師互動融為一體，在品嚐料理的同時，欣賞廚師們製作料理與擺盤的完整過程，新穎又有特色。

主廚李皞（Paul Lee），以創新的手法打破框架限制，選用最適合的食材，打造獨一無二的料理風格。此次訂到沙發座椅區，吧臺區只能等下次開箱。菜單僅提供一種無菜單料理，這次選擇搭配 Cocktail Pairing。

開胃小點是越式烤鰻魚春捲與墨魚甜甜圈，造型小巧精緻，春捲是魚露調味的米線，裡頭包裹著燒烤鰻魚與香草，以越式風格搭配日式元素。墨魚甜甜圈的外觀是一顆黑色圓球，上頭以魚子醬和食用花點綴，裡頭是甜蒜馬鈴薯泥，是一道結合亞洲與歐洲元素的料理。

第一杯調酒以琴酒為基底搭配葡萄柚、肖楠木與紫蘇等元素調製而成，質地與氣泡水相似，有葡萄柚的酸與苦

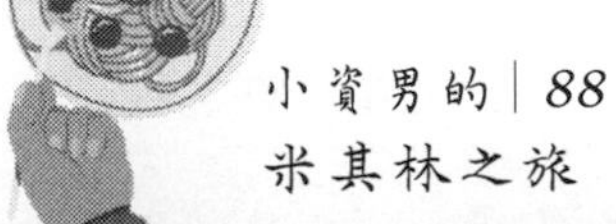

澀，尾韻則帶有紫蘇的淡香。

本季麵包爲蒲姜蜜麵包，帶有蜂蜜的清甜香氣，越嚼越香，搭配撒了鹽巴的奶油更美味，口感外脆內彈。

第二道料理是茴香蒸蛋，蒸蛋淋上鎮江醋清湯，搭配萬里花蟹與薑絲，上頭以茴香頭點綴，蒸蛋口感綿密，主體是飽滿扎實的蟹肉，蒸蛋則替整體增添了幾分溫潤，緩和醋與蟹肉的衝擊感。

冷前菜楊桃干貝，以楊桃果凍與冰沙爲主體，淋上古早味楊桃蘆筍汁，搭配北海道生食級干貝與優格，以醃製檸檬皮點綴，整體酸酸甜甜，冰涼可口，搭配干貝相當奇特，卻完美融入其中。

上一道料理搭配的調酒以水果白蘭地爲基底，搭配洋甘菊康普茶再擠上檸檬葉泡泡一同飲用，調酒帶有青蘋果與檸檬清香，絲毫沒有酒精的粗糙、衝擊感，取而代之的是溫和的甜，與楊桃非常搭，兩者融合成一道完整的料理。

冬瓜燉海參裡頭包裹的是以蝦、香菇與豆漿製成的慕斯，上頭擺上高度煨煮過的冬瓜搭配菊花瓣，最後淋上昆布菊花醬汁，是適合秋季的料理，冬瓜香甜，底部的海參口感彈嫩，裡頭慕斯則替整體口感更添層次。

自製鮮味啤酒以經典老臺啤做基底，搭配九層塔、番茄水、昆布玄米茶與柚子清酒，調配出清爽的秋天味道，搭配餐點一同享用，直接提升一個層次。

第五道料理是鬼頭刀，採用臺灣東岸鬼頭刀作爲主角，上面搭配毛豆與番茄，下面以深紅色的韓式辣醬汁與綠色的酪梨醬汁做搭配，是美墨風格的餐點，鬼頭刀肉質軟嫩，搭配辣醬相當刷嘴，毛豆更是精髓，不禁一口接一口。

鬼頭刀搭配的調酒爲龍舌蘭雞尾酒，搭配紅心芭樂、青花椒，噴上烈酒，帶有煙燻香氣，與鬼頭刀一同食用會彷彿在吃一道煙燻料理，直接讓鬼頭刀的美味更上一層樓，帶有墨西哥風味感，又是一道餐酒的完美融合。

第六道料理爲鴨肝湯圓，首先端上一鍋湯頭，裡頭有各式各樣的丸子，分別有雞肉丸子、防風草湯圓與跟芹菜丸子，湯頭是以防風草與蘋果燉煮而成，這兩種元素在法國秋冬季節常被拿來用以搭配鴨肝料理，算是一道經典呈現的菜色。碗中則有一整塊的香煎鴨肝，搭配珍珠菜與飛機菜，口感與味道皆與山茼蒿相似。湯頭鮮甜，屬於蔬果本身的甜，煎過的鴨肝外脆內嫩，本身的腥味非常淡，與其他食材完全交融在一起，絲毫不會突兀或膩口，雞肉丸子帶有明顯雞肉香氣，防風草湯圓則非常柔軟，入口即化，甜菜根丸子則是口感與湯圓類似。

調酒以蘭姆酒爲基底，添加豆腐乳、巧克力、杏桃與雪莉酒，酒帶有甜味，與料理非常搭，與重口味的鴨肝碰撞時，一方是溫和的甜，另一方是衝擊的鹹，毫不衝突，合而爲一。

主餐爲南投黑豬里肌，先煎烤過表面後，靜置十天熟成，再高溫煎烤後才能上桌，豬肉色澤漂亮，呈現均勻的淡粉嫩肉色，上頭以炭燒芥蘭菜點綴，中間則搭配炒蒜豇豆與鍋巴增添口感，芥蘭菜的炭香相當加分，替整體增添層次，鍋巴讓整道料理更有趣，豇豆酸酸甜甜帶出肉的甜味。

主餐搭配的調酒非常浮誇，以 Bourbon 威士忌爲基底，

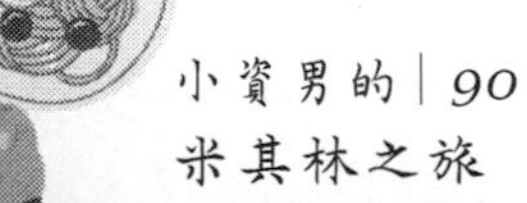

添加東方美人茶、檜木與香蕉，泡泡戳破後散發出煙燻香氣，與主餐的豬里肌相呼應，酒中也可以品嚐到香蕉的淡香。

第八道料理是加點的陝西褲帶麵，以來自陝西的一種扯麵—褲帶面爲主體，搭配自製辣醬，是在臺灣不曾品嚐到的一種美味料理，兼具香、辣、麻，且又不至於辣到難以下嚥，扯麵的口感非常Q彈，可以看見主廚親自梳理麵條，是手工製作才有辦法達到的水準。

這道料理搭配一杯高粱酒，濃度非常高，吃完一口麵再搭配一口高粱，會有辣上加辣的感覺，但又是不同層次、不同境界的辣，相當過癮。

甜點爲巨峰葡萄冰沙，清爽的葡萄冰沙，香甜可口，搭配綿密的乳酪，是一道舒適、讓味蕾煥然一新的料理。

搭配甜點的酒精爲雪莉酒，又稱爲法國伏特加，以葡萄柚、苦精氣泡與黑葉荔枝調味，甜蜜溫和，與上一道料理呈現強烈對比，酒精帶有溫和的果香，完全與甜點合而爲一。

第二道甜點爲紅茶奶蓋舒芙蕾，搭配三種配料：奶茶冰淇淋、珍珠與紅茶香緹，入口卽化，冰冰甜甜的非常好吃。

最後一道甜點爲鬆餅與阿薩姆紅茶，熱熱的鬆餅外皮酥脆，蓬鬆的口感讓人不會太有負擔，阿薩姆紅茶的香味恰到好處，喝完非常舒服。

位於五星級晶華酒店內，IMPROMPTU 與許多名牌如 CHANEL 比鄰而居，用餐環境自然只能用華貴來形容，料理兼具創意與美味，甚至還搭配了世界級的調酒師，套餐價格在星級餐廳中屬中等價位，座位量不若其他大飯店的星級餐廳多，訂位相對不易，但只要訂的到位，不妨提早一小時出門，來晶華酒店買個名牌包，順便來場世界級的餐酒饗宴。

2人費用：

套餐：3,200*2=6,400

水資：220

Cocktail pairing：1,200

陝西褲帶麵：480

總計：8,300+10%服務費=9,130

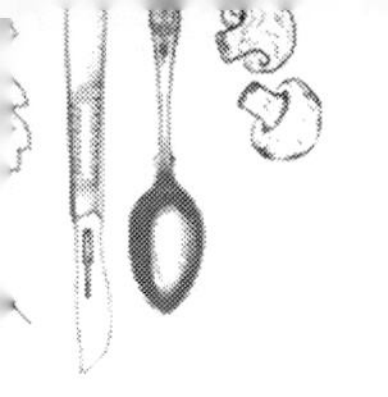

請客樓

2021 年｜米其林二星★★

2021/11/21（日）｜用餐人數：12 人

臺北喜來登大飯店的高樓層中，座落著一間家喻戶曉的中式餐廳——請客樓，這是唯一穩居二星地位的中式餐廳，菜色主打川揚麵食與蘇杭料理，有別於一般餐廳主打招牌大菜，請客樓以豐富多樣的精緻小菜見長，廣受饕客們喜愛。

請客樓店內裝潢走奢華典雅的中餐廳路線，進入大門後是櫃檯與一旁寬敞的等候空間，設有兩大張舒適的沙發椅，步入餐廳後，會先經過一道長廊，兩側爲四人包廂座位區，最後才進入一般用餐區。特別的是可以透過斗大的玻璃櫥窗，看見正在備料、烹調的師傅，玻璃窗前的櫃子中還展示著請客樓的招牌小菜，令人印象深刻。

這次訂了 12 人包廂，包廂空間寬大，裝潢典雅氣派，正中央一大圓桌，靠門處還有沙發休息區，供客人放置物品，斗大的落地窗，將窗簾拉開後，可以俯瞰臺北夜景，相當有氣氛。

首先上場的是幾道開胃料理，碳烤野生烏魚子以烏魚子搭配蘋果與蘿蔔，較特別的部分就是蘋果，其甜味剛好中和烏魚子的鹹腥，增添幾分清爽。

小菜中的鮮露豆腐絲是請客樓必點菜色，豆腐切得如髮絲般細膩，非常考驗師傅的刀工，豆腐質地軟嫩，口感細緻綿密，吃起來像玉子燒一般，只是又再更柔軟，近乎入口即化的地步，淋上特製醬汁後非常入味，但同時又不會掩蓋豆腐本身那股豆香，以青蔥點綴也讓味道再多些層次。

紅麴尾巴亦爲請客樓的招牌菜色，需將膠質豐厚的豬尾巴經過長時間燉煮，再以紅麴入味，非常費工，其外皮口感扎實又彈嫩，帶有滿滿的膠質，裡頭的肉不多，卻鮮嫩多汁，肉質非常入味且完全不會乾柴，甜而不膩的紅麴醬汁，令人意猶未盡。

第三道小菜悄悄話相當講求工夫，以豬耳朵包捲豬舌頭製成的一道料理，因此取名爲悄悄話，口感外脆內嫩。

隨後迎來當日的重頭戲花膠砂鍋一品雞湯，這是要價最高、且被譽爲臺北最好喝的雞湯，其品嚐方式爲一鍋兩吃，第一吃爲直接喝最純粹、原始的湯頭，其金黃色澤非常漂亮，湯頭濃郁、膠質濃厚，香氣濃郁，卻溫和順口，裡頭的花膠（魚肚）入口即化，瞬間讓身子暖活了起來，一碗實在不過癮。

享用完尊絕不凡的雞湯後，接著上來的是一道家喻戶曉的蘇杭料理梅干菜扣肉，五花肉的肉質相當軟嫩，梅干菜做的入味可口。

接著是看似辣度十足的魚子燒豆腐，醬汁又麻又辣且偏鹹，令人非常過癮，裡頭的魚卵夾雜於軟嫩的豆腐間，增添整體口感層次，非常下飯！

外觀浮誇的海鮮料理水煮龍膽魚，上頭鋪滿多種辣椒與

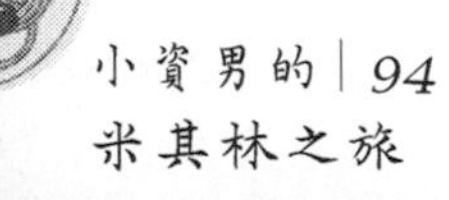

各式辛香料，這道料理也的確辣度、麻感十足，尾韻帶酸，不愧是高級的龍膽石斑魚，肉質彈又嫩且多汁。

接著是驚人的料理寧式元蹄，這一整隻的豬腳是必點菜色，等客人拍完照後才將它分解成塊，肉質彈嫩又帶勁，濃厚的膠質卻絲毫不膩口，搭配醋與薑絲，調味清爽淡雅，保有豬腳本身的香氣，底部的大白菜清爽多汁，是表現亮眼的一道菜色。

蘋果木煙燻牛肋排是當日最驚艷的菜色，以蘋果木屑煙燻過的牛肋，香氣濃郁，調味甜中又帶牛鮮味，肉質彈嫩好入口，口感厚實卻柔軟，居然能在牛肉如此厚度的情況下，香牛肋燉煮的如此軟嫩入味，實在不簡單，搭配一旁的桂花蘿蔔，有畫龍點睛之效，香甜清爽，堆疊味道又解膩。

吃了不少肉品後，終於輪到一盤碧綠甘蔗筍，還特別強調，甘蔗筍不是一種筍子，而是甘蔗上頭比較嫩的部分，口感與筍子非常相似，相當稚嫩，底部則是水蓮菜，爽脆可口，是許多道肉食間的一個緩衝。

蘭陽加捲是傳統雞捲，實則裡頭只有豬肉沒有雞肉，皮薄餡多，一旁還搭配醃漬小黃瓜，就是傳統的臺灣味。

接著是接連幾道下酒菜，首先端上的是紅糟軟絲，外酥內彈，調味偏重，非常下酒。

下一道爲尖椒脆皮腸，將豬腸酥炸並與尖椒與辣椒拌炒，口感外脆內彈，大腸味道突出卻不會讓人覺得太重或過腥，尖椒也好吃，是適合配酒的菜色。

之後輪到煸椒牛肉絲捲餅上場，煸椒牛肉絲包上捲餅，餅皮軟嫩又有麵粉香氣，裡頭煸椒牛肉絲以特製煸椒醬汁做調味，口味上偏重鹹。

尾聲是麻油雞飯！麻油香氣濃郁，雞肉軟嫩不柴，碗中每一粒米都非常入味，粒粒分明，口感Q彈，雖然已經快要吃不下，還是默默的把飯吃光。

享用完飯食後，花膠砂鍋一品雞湯第二吃終於上場，湯頭添加了許多蔬菜，雞湯味道變淡許多，但一樣好喝，裡頭的白菜甜美，讓人無負擔。

甜點是紅豆煎鍋餅，是傳統中式小吃，調味上不會太甜膩，一掃而空，爲整餐畫下完美的句點。

位於臺灣頂級的喜來登飯店中，交通鄰近臺北火車站，適合各方好友聚餐，用餐環境氣勢磅礴，包廂更是氣派豪華。雖無服務生固定待在同一包廂，但巡房的速度相當快，上菜速度快慢適中，菜色多元美味，廣度與深度兼具，許多功夫菜色令人驚豔。訂位難度屬二星中相對容易，價位屬中低。整體而言，請客樓爲僅次於頤宮的中式餐廳，米其林二星當之無愧。

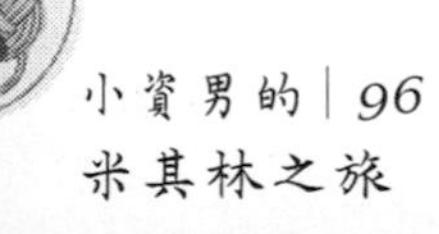

12 人費用：

悄悄話：320*3=960

紅麴尾巴：360*3=1,080

鮮露豆腐絲：300*3=900

碧綠甘蔗筍：620

蘋果木煙燻牛肋排：3,160

尖椒脆皮腸：680

水煮龍膽魚：1,480

麻油雞飯：1,180*2=2,360

碳烤野生烏魚子：1,980

紅糟軟絲：680

魚子燒豆腐：620

煸椒牛肉絲：620*1.5=930

蘭陽加捲：620

寧式元蹄：1,680

梅干菜扣肉：780

捲餅：240*2=480

紅豆煎鍋餅：480

生料普洱茶：460*2=920

花膠砂鍋一品雞：6,800

總計：27,210

服務費 10%：2,721

總計：29,931

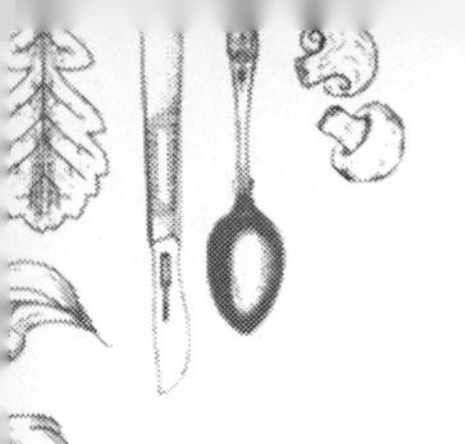

鮨隆

2021 年｜米其林一星★

2021/11/25（四）｜用餐人數：3 人

在臺灣頂級壽司界，提及幾位名廚，饕客們一定馬上會聯想到楊永隆師傅（阿隆師），這位曾任職於筵鮨 SASA，以精湛手藝立足板前的日料大神。他自立門戶，開了一間位於中山區大樓內的板前壽司餐廳「鮨隆」，並在開業未滿一年便輕鬆摘下米其林一星。

餐廳的門面僅有一斗大的木門，與一塊寫有店名鮨隆的木牌，雖然低調，卻讓人感受到簡約又奢華的質感，步入店內，會先經過玄關與櫃檯，接著便是用餐的板前區域！座位不多，僅有圍繞吧臺的十幾個席次，但餐廳內部卻留了非常大的空間，裝潢明明簡約，卻精緻細膩，日式元素十足。

點餐前先送上了溫熱的毛巾與醃蘿蔔、小黃瓜與薑片，還有一杯溫熱的茶。中餐價位有 4,000、5,000、6,000與任師傅配的 Omakase，同行的人須均一價位，選擇了中間5,000 價位的無菜單料理。因爲坐在中間，可以細細觀賞阿隆師處理魚肉、刀工與捏壽司的過程。

開胃菜是鱈魚白子，白子其實就是鱈魚的精囊，是少見的食材，紋路特別，擺盤精緻細膩，鱈魚白子軟嫩滑順，入口卽化，上頭點綴的小花朵讓整體多了點清爽的香氣，順口

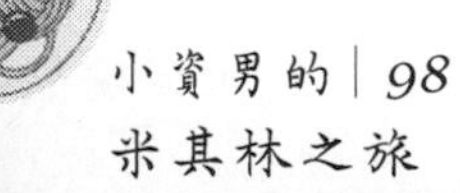

開胃。

第二道料理爲尖梭握壽司，上頭的尖梭已經過調味處理，魚皮薄脆，帶有炙燒香氣，魚肉與米飯中間夾有酸酸甜甜的紫蘇葉與條瓜，紫蘇元素則讓人齒頰留香。

第三道是北海道赤海膽，上頭以青海苔點綴，海膽入口甜美，尾韻略帶腥味，海苔的鹹香恰好中和那股腥味，帶出海膽本身的甜，食材搭配與調味方式高明。

第四道是馬加魚刺身，就是常見的土魠魚，以洋蔥與碎薑點綴，魚肉肥美，味道新鮮，不像平時吃到的熟魚那般鹹腥，魚油豐富，薑蒜則有解膩與提味的作用。

第五道是烤白鰻，白鰻的皮已經炙燒的相當薄，下頭的肉油脂豐富多汁，鰻魚本身肉質軟嫩細緻，鮮味十足，搭配山椒鹽，鹹味很重，帶出味道較單純的白鰻本身的甜。

接著是非常漂亮的白干握壽司，紋理精緻，色澤白嫩帶紅，疊上晶瑩剔透的銀，令人捨不得品嚐。白干本身帶有微鹹的香氣，原因是出餐前已先蘸過醬汁，又彈又Q，厚度有存在感。

第七道料理是鮪魚頭頂握壽司，使用鮪魚頭頂的肉，細碎的頭頂肉經過巧手成了型。用筷子將一整貫壽司夾起，魚肉卻沒有散開，可見其捏壽司的技巧有多高，魚肉的油脂在口中爆發，令人滿足，裡頭還有添加瓜類，口感爽脆，替油膩的鮪魚解膩。

第八道鮭魚卵軍艦握壽司，上頭鋪滿大顆的鮭魚卵，香氣十足，魚卵在口中爆開、融化的過程，是味蕾的一大享受，讓人感到療癒且滿足。

第九道爲秋刀魚握壽司，熠熠發亮的外皮引人注目，魚肉腥味較重，偏鹹且肥嫩，散發出令人無法討厭的腥味！

第十道料理是浮誇的北海道牡丹蝦握壽司，來自北海道的牡丹蝦，大隻又肥嫩，以紹興酒醃製調味處理，帶有濃郁的酒香。

第十一道是鮪魚中腹握壽司，油脂不如大腹那般豐富，保有魚肉的鮮美，又能嚐到魚油脂的香氣，米飯格外粒粒分明。

第十二道料理是海膽軍艦握壽司，海膽沒有前面赤海膽那麼鮮甜，一樣綿密又入口即化。

第十三道料理是黑喉握壽司，魚肉先以木炭烤過，帶有炙燒香氣，肉質肥美，鮮嫩多汁，油脂豐富，上頭以醃漬碎洋蔥點綴，淋上檸檬汁，味道鹹甜又帶酸。

味噌湯裡除了豆腐外也有豆皮，豆皮軟嫩細緻，溫和順口。

甜點是玉子燒，就像蜂蜜蛋糕一般，扎實又柔軟，香甜可口，綿密細緻又有彈性。

最後是來自熊本的哈密瓜，甜美多汁，爲整餐畫下句點，令人意猶未盡！

環境乾淨明亮，服務親切細膩，補充醃蘿蔔的速度更是沒話說。刀工與捏壽司的技巧屬臺灣頂級的存在，更有許多的獨家創意搭配與新穎的調味。點餐上可彈性選擇，五千元就可滿載而歸，但同行朋友需點同一價位的餐點則是小缺憾。位子不多是所有星級板前壽司的共同問題，但爲了維持品質，限量總是殘酷，訂位雖然困難，但比起沒有訂位

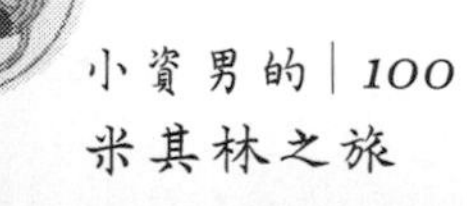

方式的鮨天本，又顯得相對人性一點，在臺灣能用正常方式訂到位的壽司店中，鮨隆也許是最佳的選擇。

3人費用：

無菜單料理：5,000*3=15,000

總計：15,000+10%服務費=16,500

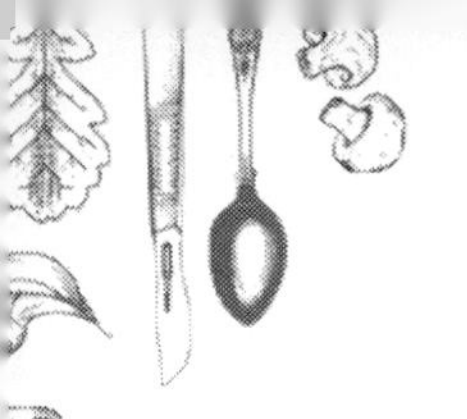

JL Studio

2021 年｜米其林二星★★

2021/12/11（六）｜用餐人數：6 人

臺中市益豐路上座落著臺中唯一榮獲米其林二星的餐廳「JL Studio」，開業短短三年，就於2020年獲得「亞洲50大餐廳」第26名。在2021年首屆臺中米其林登場評鑑，便獲得二星殊榮，創下相當厲害的佳績。

主廚林恬耀從小在新加坡長大，餐廳以新加坡料理爲主軸發想，以法式擺盤呈現，使料理在精緻的外表下，藏著東南亞靈魂。

冬日裡臺中溫暖的陽光，灑落潔白的建築牆上，還有枝葉的陰影點綴，搭配餐廳外的庭園造景，彷彿置身國外街頭，舒適愜意。

餐廳位於建築二樓，一樓爲美式餐廳，風格相當不同，搭乘電梯上樓後，馬上看到一整區的開放式廚房，令人爲之一亮。包廂內光線明亮，窗外綠意盎然，讓人瞬間愛上這有質感的寬敞空間。

菜單的封面是五顏六色的東南亞風設計，菜色約有十道左右。

第一道餐點爲兩道開胃小菜水果沙拉塔與咖哩餃，以可愛的葉子造型盤子盛裝，滿滿南洋風格，左側水果沙拉底部

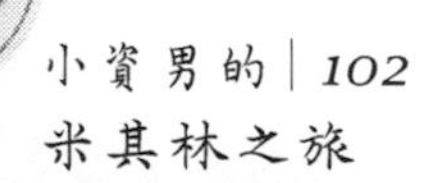

以油條與粉漿鋪墊，擺上季節水果並淋上甜蝦醬，酸酸甜甜，酥脆餅皮帶來多層次口感，相當開胃。右側咖哩餃以小米藜麥取代餃皮，裡頭塡充馬鈴薯泥、雞肉咖哩與鵪鶉蛋，外頭口感顆粒粗糙，內餡則綿密細緻，相當有層次，咖哩控應該都會喜愛上這道香料味濃郁卻溫和的咖哩餃。

冷前菜鮮鮪魚番茄湯，以鮪魚搭配布拉塔起司的番茄湯，起司香氣濃郁，湯頭酸酸甜甜，帶有蔬菜的淸爽草味，上頭番茄湯製成的醬汁泡沫更增添層次與趣味。

炸明蝦香蕉咖哩，以扁豆餅包裹明蝦，蘸上熟成香蕉咖哩，是道地新加坡料理，香料味十足的咖哩卻帶有明顯的香蕉香氣，充滿熱帶風情，而點（炸）豆餅與炸明蝦搭配相當爽口，明蝦飽滿多汁，是從來不曾品嚐過的美味。

隨後是新加坡鑲竹笙高湯，裡頭食材種類豐富，有點類似新加坡版的淡水阿給，以豆皮包裹豬肉香菇與北寄貝內餡，底部則是細緻綿密的蒸蛋，淋上微苦的高湯，調味上較溫和，有中式料理的養生感。

接著是新加坡美食，也是重頭戲的海南雞飯，在每一季菜單中都會以不同形式呈現，當日品嚐到的版本類似雞捲，在雞皮與雞肉中間塞入糯米一同蒸煮，肉質偏軟嫩，搭配白蘆筍與玉米筍，盤子邊緣的綠色曲線，看似擺盤，實爲海南雞飯的靈魂——特製辣椒醬，雖然是綠色的，其實相當有辣度，香氣十足，搭配淋上米漿的海南雞飯，創意十足。

主餐是安格斯牛小排佐鴨肝，以慢煮 36 小時的美國無骨安格斯牛小排爲主體，屬於油脂比例高的部位，卻不會過於油膩，肉上刷上辣椒桑巴醬、椰糖與蝦醬，製造叉燒感，搭配額外加點的鴨肝，油脂噴發、爽度爆表，上頭則擺放形似白蘿蔔的豆薯，清爽解膩，增添口感層次，美味的鴨肝更是一大亮點。

甜點部分以水梨冰沙作爲開場，水梨片先經過燉煮後冷凍，有養生潤肺功效，搭配糖煮白木耳並淋上檸檬草油，相當清爽，提供味蕾緩衝的時間。

另一道甜點以視覺上唯美的造型呈現，讓人捨不得破壞這夢幻繽紛的畫面，甜點以紫米、紫地瓜與椰奶製成，香甜可口又不甜膩，一旁的液態氮冰霜畫龍點睛，冰冰涼涼相當清爽。

接著爲兩道茶點與茶飲，玫瑰冰淇淋奶茶以玫瑰花瓣作爲裝飾，用白巧克力將奶茶包裹於裡頭，一咬即碎，裡頭的奶茶香隨之在口中化開，相當迷人。最後是咖哩葉與開心果，以蛋糕爲主體，上頭的醬料帶有若隱若現的茶香，搭配茶飲一同享用，療癒人心，造型也格外可愛。

臺中的星級餐廳的用餐空間普遍寬大舒適，包廂典雅且採光良好，窗外盡是綠意，服務細緻用心，每一道菜均有詳細解說，上餐節奏會隨著用餐速度調整，不會有等待的感覺，賓主盡歡。訂位不難，價位屬中高。料理多爲新加坡式，在食材與調味上給人耳目一新的感覺，創意與擺盤更是有獨到之處，JL Studio 毫無疑問位於臺中食界的頂點。

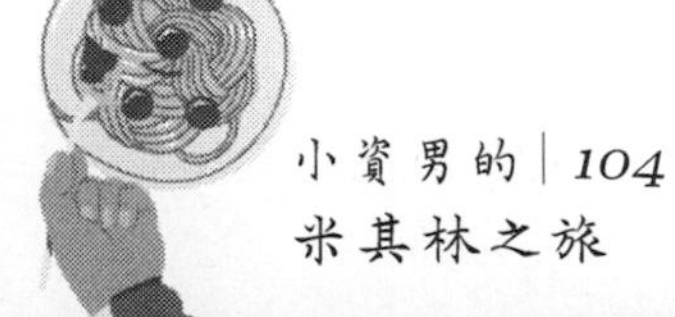

6人費用：

套餐：3,800*6=22,800

水資：120*6=720

鴨肝：280*2=560

總計：24,080+10%服務費=26,488

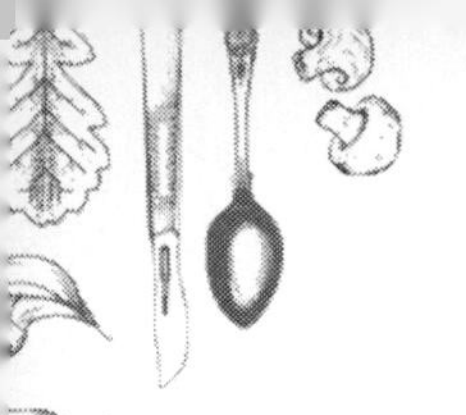

俺達の肉屋

2021 年｜米其林一星★

2021/12/12（日）｜用餐人數：4 人

一說到臺中美食，最火紅的就是當地的燒肉。各種燒肉店家如雨後春筍般，遍佈臺中市各個角落，其中最受人關注的是「俺達の肉屋」，是臺中唯一榮獲米其林星級殊榮的燒肉店，從摘星前到現在都是一位難求的狀態，到底有何與眾不同呢？

俺達的店面相較其他臺中知名燒肉店，格外小巧簡約，店面僅有一扇小木門和高級和牛肉品、米其林獎牌展示玻璃窗，在外頭便可看見好幾大塊的和牛，一眼望入，店內座位不多，像是一間溫馨的小日式燒肉店。

最大的特色就是從日本當地直接買入一頭和牛，每日提供的品項都不盡相同。其中最厲害的便是切割肉品的技術，將整頭牛分成各個部位，供客人選擇。

這次選擇了會長盛和套餐，再加點幾道菜。套餐提供五種肉品搭配，其中含有一種鑽石級部位。另外加點了夏多布里昂、蔥花生牛肉捲，還有一些時蔬。

首先送上熱毛巾擦手，接著是調味醬料，總共有三種：燒肉醬、法國鹽之花與柑橘醬，桌上有烤爐，代烤的同時，會講解各部位適合什麼樣的蘸醬。

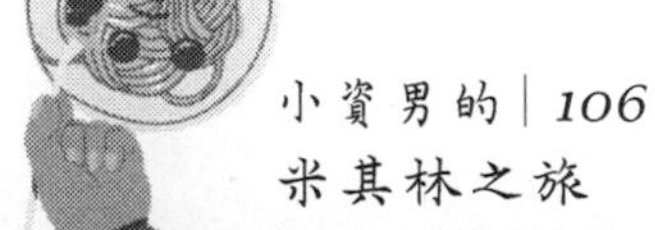

隨後是紫蘇嫩葉沙拉、麻油豆芽菜、招牌鹽味小黃瓜與韓式泡菜，豆芽菜與小黃瓜除了清脆爽口外，還多了一層麻油香氣，是衆多燒肉店中數一數二的美味小菜！

蔥花生牛肉捲是許多人第一次吃到的生牛肉，牛油脂香氣十足，包裹海苔一口塞入口中，香氣會在口中爆開，其中還有芥末的衝擊。

第一道肉品是無骨牛小排，屬於牛的胸部，油脂豐富，外皮焦脆，肉質彈嫩，肉汁噴發於口中，美味程度實在太讓人滿足。

下一道是相對瘦肉部分較多的內臀心，色澤粉嫩漂亮，瘦肉中又帶點油花，清爽不油膩，肉汁飽滿，相較肥肉部分，這個部位的牛肉香氣格外突出，口感稍微粗糙但仍相當軟嫩。

隨後是一塊相當浮誇的超大部位鞍下牛排，位於牛背位置，相對於豬就是梅花肉，肉質緊實多汁，口感彈嫩。

重頭戲是夏朶布里昂，是菲力中段的部位，爲一頭牛當中最軟嫩的部位，非常稀少珍貴，口感令人驚艷。厚實的外表下，居然是如棉花糖般的柔軟口感，入口卽化，外層烤的焦脆，一咬下去肉汁便馬上瀰漫口中！

最後是辣椒肉，採用牛前腿部位，添加黃瓜條與辣椒調味，肉片切得很薄，肉質肥嫩。

額外加點了一盤燒野菜拼盤，裡頭有節瓜、青椒、香菇等時蔬，蔬菜多汁，沒有因爲烤過而乾焦。

用餐環境沒有星級餐廳的浮誇，顯得簡單溫馨，讓客人能在無壓力下舒服吃完燒肉。代烤與料理的講解非常專業，一頓飯下來，彷彿吃掉一頭親自養的牛一樣。肉質新鮮美味，刀工細緻，服務親切，價位在星級餐廳中屬中等，沒有明顯的缺點，難怪可以在千千萬萬的燒肉店中脫穎而出，成功摘星。身爲臺中唯一的星級燒肉店，在位子不多的情況下，無法一一回應眾多燒肉迷的殷殷期盼，大概是俺達の肉屋的最大遺憾。

4人費用：

會長盛合套餐：8,560
升級夏多布里昂：1,000
紫蘇嫩葉沙拉：260
招牌鹽味小黃瓜：100
蔥花生牛肉捲：680
柚子沙瓦：130
薑汁汽水：80
烏龍茶：80*2=160
麻油豆芽菜：80
燒野菜拼盤：250
總計：11,300+10%服務費=12,430

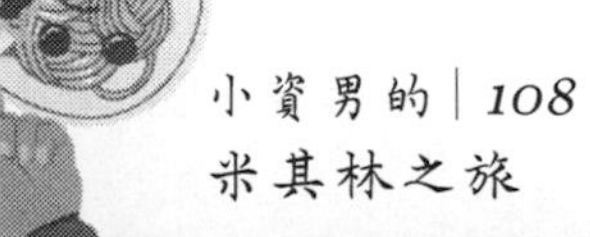

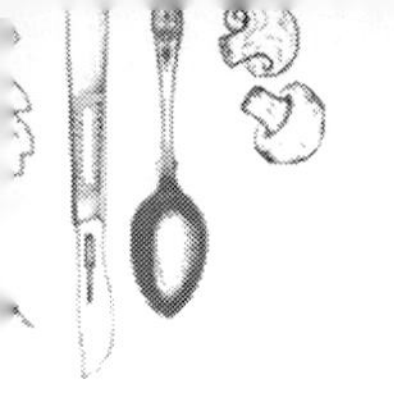

侯布雄

2021 年｜米其林二星★★

2021/12/15（三）｜用餐人數：4 人

說到米其林，在一個國家中擁有三星已是最高殊榮，但當視野擴展至全世界，擁有最多顆星星的米其林餐廳，就是「L' ATELIER de Joël Robuchon（侯布雄法式餐廳）」。除了臺灣之外，世界各國都有分店如美國、英國、日本和香港等。更在 2021 年於臺北臺中米其林評鑑中，從一星晉升爲二星餐廳，也成爲臺灣第一間擁有女性主廚的米其林星級餐廳。

侯布雄位於信義區那幢自帶氣場的「BELLAVITA」，就是俗稱的貴婦百貨，一到門口，映入眼簾的便是紅黑色交織的奢華布景，大門旁有寬敞的沙發區，另一邊則是櫃檯，在等候入場時，可以聽見電話響不停，訂位源源不絕，可見極受歡迎。

一進餐廳就感受到整個環境散發出的高級感，昏暗的燈光與紅黑配色是主因，除了設定好的套餐外，還有另外一種可以自由搭配菜色的三種不同價位套餐，可惜最經典的蟹肉魚子醬在中午就已售空，無法加點。

麵包可說是法式料理的靈魂，豐盛的麵包籃有幾種麵包且可以無限續吃，每種都各有小巧思，有些裡頭還有培根或起司，有些則是奶酥，搭配香濃鮮奶油，會讓人不自覺一掃而空。

開胃菜之前，店家招待鴨肝慕斯佐起司泡泡，濃郁的鴨肝香氣瀰漫在口中，卻不會腥味太重，起司泡泡則讓口感更添層次。

前菜是生食紅鮒魚佐酪梨及番茄水冰沙，底部鋪了一層酸酸甜甜番茄水凍，顏色爲透明狀卻非常香，搭配紅鮒相當清爽，非常開胃。

另一道前菜是太陽蛋襯菠菜起司米餅，擁有可愛的造型，斗大的蛋黃漂亮地擺放在圓形米餅上，一口咬下先是蛋的彈與蛋黃的香，再來是米餅的脆夾雜菠菜，層次分明，調味偏淡。

嫩煎鮑魚與油封甜椒則如其名，鮑魚軟嫩，調味清淡，以嫩煎方式將鮮味鎖住，搭配油封甜椒，多彩配色，食慾大開。

主餐爲油淋日本眞鯛與朝鮮薊蔬菜高湯，眞鯛以用於鬼頭刀的立麟手法處理，讓表面相當酥脆，搭配蔬菜湯則相當清爽，讓酥炸過的油膩感一掃而空。

第二道主餐爲嫩煎雞胸鴨肝捲與斯佩爾特小麥，將雞肉與鴨肝分爲兩個半圓，拼湊一起呈現出來，下頭是小麥製成的米飯，香濃入味。

甜點是起司蛋糕佐草莓及蛋白乳酪冰淇淋，是當季新推出的甜點，造型漂亮精緻，起司蛋糕香濃，草莓淋醬甜又可口，蛋白乳酪冰淇淋冰涼順口，皆是層次豐富且美味的甜點。

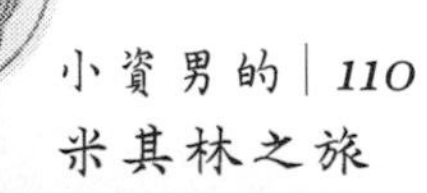

擺盤精緻漂亮，菜單也非僅限於一、二種套餐的選擇，而是有許多單點的菜色，佐餐酒的種類令人目眩神迷，外國侍酒師更增添了異國風情。暗色系的用餐環境跟貴婦百貨一樣充滿高貴的神秘感，餐點價格從低到高一應俱全，座位充足，比起其他星級餐廳，訂位的難易度簡直是親切可人。對門外漢而言，這是最好入門的二星餐廳，對於想在臺灣深度品嚐法式料理與佐餐酒的吃貨而言，侯布雄深不見底，提供了無限的可能性，不愧爲臺灣法式料理的頂點。

4人費用：

套餐：3,380*4=13,520

生食紅鮒魚佐酪梨及番茄水冰沙：280*2=560

嫩煎鮑魚與油封甜椒：380

氣泡水：320*2=640

紅酒：880

總計：15,980+10%=17,578

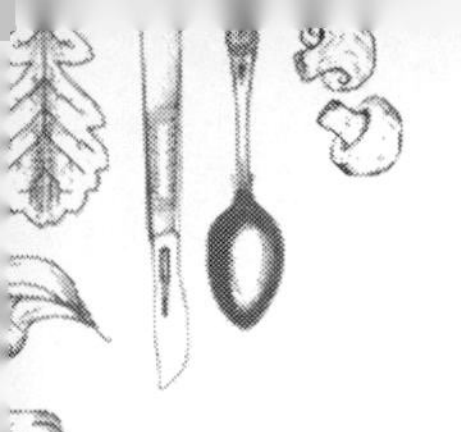

謙安和

2021 年｜米其林一星★

2021/12/16（四）｜用餐人數：2 人

隱身在臺北安和路巷弄中的「謙安和」，連續四年蟬聯米其林一星，中午供應以生食爲主的手握壽司套餐，晚間則是割烹料理。料理長和知軍雄曾在西華飯店的 KOUMA 小馬日本料理掌舵 5 年，師承日本東京米其林三星主廚神田裕行。

菜單皆根據時令食材和當日新鮮到店的魚類而定，昆布和柴魚高湯則是每日現煮。強調食材與配料的味道融合，以新潟米煮的壽司飯會與不同的醋作調和，以帶出不同的鮮味。

謙安和外觀簡約卻不失奢華，有著一面素靜白牆、石階地與一小庭院，院內的樹在陽光照射下，樹葉的剪影會被投影至白牆上，增添一股清幽靜謐感。

板前座位比想像中擁擠了些，茶水是烏龍茶，是日本料理店少見的選擇，濃郁順口。

開胃小點爲麝香葡萄柴魚凍，以柴魚高湯製成，搭配麝香葡萄與柿子，上頭以紫蘇花點綴，小巧精緻，口感扎實清爽，甜度剛好，不掩蓋柴魚淡淡的香，吃起來舒適無負擔。

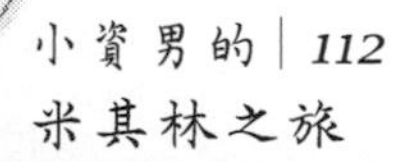

蘸醬有四種，分別有橙醋與海苔、煎り酒、紫蘇花與紫蘇葉、二次釀造醬油、山葵與辣醬，根據生魚片的味道做不同搭配。

第一道爲軟絲翅握壽司，口感扎實有彈性。

第二道是鮪魚中腹握壽司，油脂比例剛剛好，帶有脂肪的香氣，柔軟卻不失嚼勁。

第三道是比目魚握壽司，相對前兩道更厚實，口感一樣扎實有彈性，相當新鮮。

第四道是滿特別的小點心海葡萄，是一種藻類，一顆一顆的咬下去會在口中爆開，搭配海苔與橙醋醬汁，令人驚喜。

第五道是軟絲刺身，兩片軟絲的口感眞如其名，相當柔軟，不像生魚片那般有彈性。

第六道是小鯛握壽司，上頭以醋蛋點綴，造型獨特，一口咬下除了刺身的鮮味之外，醋蛋的蛋香也會在口中化開，增添層次。

第七道紅魽刺身，口感有彈性又有點脆，切成塊狀，吃起來類似蒟蒻，搭著辣醬一起吃相當不錯。

第八道是鰹魚刺身，粉紅色澤相當漂亮，薄薄一片，口感較爲軟嫩。

第九道是小鯽魚握壽司，味道較鹹，口感細緻軟嫩。

第十道是季節魚種，冬天常常碰到的紅喉握壽司，表皮有先經過炙燒，有火烤香氣，是較重口味的一道，與辣醬相當搭。

第十一道爲甘鯛與馬頭魚，口感是一層一層的，一旁還有蘿蔔解膩，其中地瓜非常香甜，還有搭配柚子皮，提升料理的清爽度。

第十二道是非常迷你的鮭魚卵小丼，滿滿的鮭魚卵擺在醋飯上頭，令人滿足，飯量適中。

第十三道是炸鮑魚，外皮炸得相當脆又香，薄薄一層酥皮，一口咬下飽滿的鮑魚，讓人想到炸杏鮑菇，口感彈嫩。

第十四道是海帶湯，冰冰涼涼，給人一些緩衝，解膩又清爽。

第十五道是白鮒握壽司，口感厚實飽滿，油脂香氣十足，搭配熱熱的醋飯，非常美味。

第十六道爲炸鱈魚白子，酥炸過後的白子，熱騰騰的，入口卽化，上頭擺放炸牛蒡與海苔提升口感層次，還帶有些微的椒麻感。

十七道是甜蝦與鹽水海膽握壽司，甜甜的海膽與彈嫩的甜蝦，帶有紹興酒香，口感柔軟，外皮海苔的酥脆會提升層次。

第十八道爲鮪魚泥握壽司，鮪魚泥綿密，裡頭還有脆脆的瓜類，與些微的煙燻香，口感豐富。

第十九道是干瓢壽司，干瓢爲一種瓜類，甜甜脆脆，不說還以爲是刺身。

第二十道爲日本料理必備的味增湯，喝完一碗熱騰騰的味增湯，整個胃都暖和了起來。

甜點上桌之前是一小杯抹茶，做爲甜點的搭配茶飲。

最後一道是宇治金時最中，最中爲日本料理中常見的

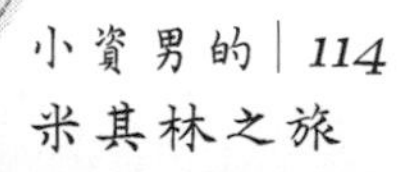

甜點。裡頭是抹茶冰淇淋與紅豆泥，再搭配白玉湯圓，溫熱且不會過於甜膩的紅豆與冰涼又略帶苦相的抹茶冰，兩者搭配一起太讓人滿足了，裡頭的白玉也讓口感上有更多變化！

料理數量約二十道，每道量雖少，但各有特色，飽足度也夠。板前的座位數不多，所以有更多與師傅的互動機會。補小菜的速度與服務的細膩度皆屬一流水準，食物的料理手法、新鮮度與美味更是無話可說，價位在一星的日本料理與壽司中屬中等價位，首屆米其林指南即摘星至今，就是謙安和用實力說話的最佳證明。

2人費用：

套餐：4,800*2=9,600

總計：9,600+服務費 10%=10,560

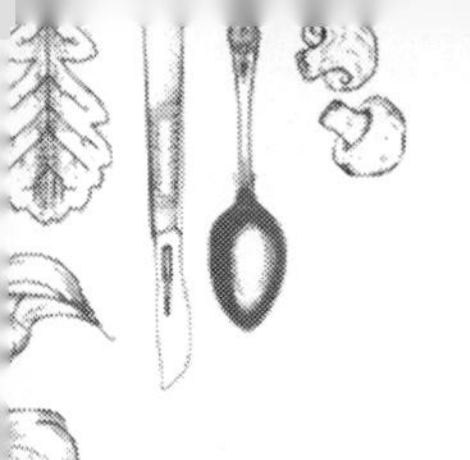

T+T

2021 年｜米其林一星★

2021/12/25（六）｜用餐人數：2 人

非常幸運能夠在聖誕節當天訂到「T+T」，原本就是熱門餐酒館，在 2021 年度摘下一星殊榮後，加上只開放七天內訂位，可說是一位難求，能夠吃到聖誕餐，足證食運非凡！

座落於民生社區巷弄中，一進店內就可以感受到愜意舒適的氣氛，播放著輕快的音樂，裝潢擺設則是浪漫的歐式風格，灰藍色調讓人瞬間就能沈浸在輕盈的氛圍中。T+T 的意思爲 Tapas Tasting，意指以小巧精緻的分量，提供更多樣化的體驗。

菜色融入亞洲各國元素，以米飯、麵食做爲搭配，再以法式精緻擺盤呈現。料理約十道，搭配加點四杯的酒精 pairing，一次體驗餐與酒。搭配前兩道開胃菜的香檳作爲開幕曲，味道偏甜，據說是 007 電影中喝的香檳。

第一道是蓮霧、白鮒、酸梅，這配置相當有趣，蓮霧上頭擺放醃漬白鮒魚丁、與最上頭一顆梅子，酸酸甜甜的滋味，能同時品嚐到蓮霧的淸香、魚的鮮，和梅子酸甜的回甘，層次豐富且毫無違和感，淸爽開胃。

第二道料理爲店家招待的招牌蚵仔麵線，雖名爲麵線，卻不以一般理解的方式呈現。經過酥炸的阿拉伯麵線包裹

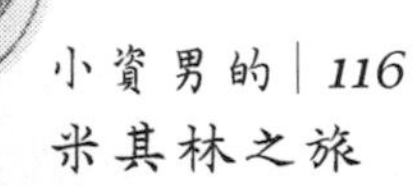

著大顆的生蠔，附上自製蒜味美乃滋、香菜苗與鱈魚絲等醬料，酥脆的口感裡混著多汁的生蠔肉，外頭醬汁酸酸甜甜，帶點微辣，無疑是讓人意猶未盡的好味道！

享用兩道開胃小點後，接著是搭配海鮮的白酒，帶有些許蜂蜜、榛果清香與奶油味的口感，是輕薄舒適的酒類。

第三道料理為干貝、過貓、老雞，底層醬汁以干貝、白酒、老雞及蔬菜熬煮而成，干貝的口感彈嫩，過貓跟想像中完全不同，細緻柔軟，吃完北海道干貝及過貓後，會淋上雞湯，用來與醬汁混合，雞湯膠質濃郁，味道淡雅卻不單調，原本在過貓上的橄欖油魚子醬遇熱湯破裂後，會讓整碗雞湯更添了一份法式風味。

第四道料理是魚子醬、豆腐、洋蔥，以烏魚膘代替豆腐，上頭擺放青蔥、魚子醬等食材去腥，魚膘入口即化，比豆腐還嫩，雖然腥味較重，但淋上酸酸甜甜的洋蔥醬汁與奶油後，就更像豆腐，是魚鮮味濃郁的一道料理。

第三杯餐酒是匈牙利白酒，雖然是甜酒，但酸度又比 Moscato 高了些，帶有一絲絲的甜，用來搭配下一道豬肉泥。

第五道料理為伊比利豬、胡椒、藥材，這就是家喻戶曉的新加坡料理——肉骨茶，最特別之處是把以肉骨茶燉煮而成的豬肉泥，塗抹在烤的酥脆的布里歐麵包上，搭配一壺肉骨茶湯，豬肉帶有胡椒些微的辣，與麵包一同享用則會吃到香甜的滋味，再來一口白酒，中和白胡椒的辣，整個清爽感就被帶了出來，讓酒的滋味更甜美，不如直接入口那般酸。

第六道堪稱是門面的松露、鴨肝、車輪餅，一口咬下，熱騰騰的松露與鴨肝馬上爆漿而出，滿滿松露香氣與鴨肝油脂實在是太爽快。

第七道料理是主餐，提供兩種選項，分別爲羔羊、茄子、味增與和牛、山藥、牛舌，羊肉比牛肉更爲出色，因爲羊羶味處理的相當好，幾乎不帶腥味，一旁的茄子，上頭擺放手撕羊肉，甜美可口，是一大亮點！和牛採用的是菲力部位，有種紅酒燉牛肉的歐式風味，一旁的牛舌入口卽化，搭配的山藥畫龍點睛，相當美味。

第八道料理爲臘腸、松露、越光米，以港式煲仔飯的方式呈現，展現 Chef Kei 帶來的傳統家鄉味，首先在上頭削上滿滿的松露，讓傳統美食直接華麗升級，加上蛋黃醬及醬油炒過的米果增添口感。蛋黃醬與米飯米果拌攪後，香氣撲鼻，滑順口感中又能吃到米飯的粒粒分明，臘腸的油脂香氣也相當突出，讓人意猶未盡。

第九道料理是甜點馬告、桑椹、櫻桃，呈現出臺版黑森林蛋糕的感覺，將液態氮化的巧克力撒在咖啡口味的黑森林蛋糕上，以櫻桃及桑椹點綴，精緻的外觀，與多層次的甜味，很有記憶點。

第十道料理是甜點起士、榴槤、蜂蜜，榴槤因爲接受度低，在餐廳不常見，蜂蜜冰淇淋配上用榴槤和馬茲卡澎起司作的起司球酥餅，三者味道交融一起，異常順口美味。

T+T 雖然摘星，但用餐氛圍仍然輕快愉悅，搭配極具現代感的裝潢，令人感受不到星級餐廳的壓力，服務細膩貼心，料理的創意與美味更是無愧一星之名。黑色背景下的

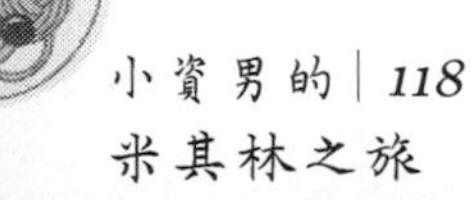

閃光 T+T 文字，是網美的打卡熱點，價位更是親民。但座位太少，又只開放一週內訂餐，無法事先規劃行程，訂位過程比較像是開樂透，便成了唯一的缺憾。

2人費用：

羔羊套餐：2,280

和牛套餐：2,280+600=2,880

Wine pairing 4 Glasses：1,080*2=2,160

水資：80*2=160

總計：7,480+10%服務費=8,228

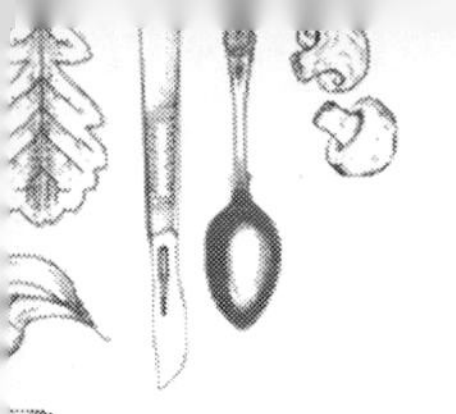

富錦樹台菜香檳

2021 年｜米其林一星★

2021/12/26（日）｜用餐人數：8 人

位於民生社區的「富錦樹台菜香檳」，在 2021 年首次獲得米其林一星的殊榮，因此打開其知名度。最大特色便是以臺式料理結合香檳與法式餐廳的用餐氛圍，打造出獨特的餐飲型態，是一間想讓外國人「吃得懂」的臺菜餐廳。富錦樹台菜香檳敦北店入選《MONOCLE》全球旅遊五十大景點（2014）、《LV CITY GUIDE》臺灣必訪餐廳（2016）、美國美食評論《EATER》推薦臺北餐廳（2019），與日媒《飲食店經營》封面故事（2019）。

店面空間使用自然採光搭配開放式設計，陽光能直接穿透整片玻璃窗，映射入店內，搭配綠意盎然的布景，使人在輕鬆愜意的舒適氛圍下，享用一桌的美味臺菜。

本次選擇四人合菜套餐，再搭配部分單點菜色，以價格來說是米其林餐廳中相對便宜的，但分量偏少，所以追加了幾樣想嚐試的料理。

正式餐點上桌前，先端上白飯，並且招待薄荷四季豆，最初有些擔心白飯太多，殊不知米飯香氣十足，相當可口，後續的菜色也都下飯，搭配一起不知不覺就吃完整碗飯。

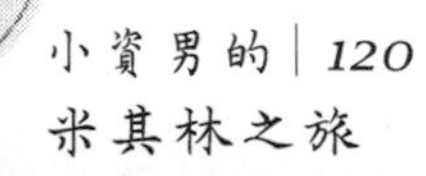

首先上來的是樹子水蓮，口感清脆的水蓮菜，相當多汁，調味上屬於溫和順口。

第二道料理爲特調白斬雞，雞肉的肉質相當彈嫩，絲毫不乾柴，搭配特調辣醬，非常下飯。

第三道上桌的是松花蒼蠅頭，是本店招牌，韭菜炒的脆又香，帶有微微的辣。

第四道料理是芋泥控最愛的芋泥嫩肩，芋泥採用大甲芋頭用慢火細燉，濃郁搭配滑嫩梅花肉，讓天然的芋香在口中香氣四溢，本身不帶甜，帶有一絲薑味的香氣，調味偏淡，可以感受到濃濃的芋頭香醇味。

第五道料理爲油條蒜蓉鮮蚵，以臺式料理的招牌食材鮮蚵作爲主角，肥美多汁的肉質以蒜薑辣椒爆香，搭配酥烤過的油條，增添口感層次，將平凡的食材發揮得相當美味。

第六道料理爲老皮嫩肉，爲招牌菜色之一，將芙蓉豆腐炸過後再燒，使薄皮吸附醬汁精華，內部則是軟嫩的蛋香豆腐，是令人懷念的味道。

第七道料理爲麻婆豆腐，上頭搭配溫泉蛋，調味上偏溫和，雞蛋豆腐香氣濃郁，豆腐質地柔軟，味道清淡。

第八道料理爲蜜棗煨肉，以特製醬汁煨煮五花肉，肥肉部分入口卽化，瘦肉則表現正常，醬汁帶有花雕酒香並結合蜜棗、洛神的甘甜，相當清爽，搭配蜜棗一起吃很解膩，甜甜的料理則有南部風情。

第九道料理是加點的三杯軟絲，以老薑與麻油、米酒、醬油拌炒過後的經典臺菜，調味夠味，軟絲口感細嫩。

第十道爲鳳梨苦瓜雞湯，湯頭濃郁，其中鳳梨的甜與苦瓜的苦搭在一起，中和的剛剛好，湯頭裡頭還有鳳梨顆粒，甜甜尾韻讓人意猶未盡，裡頭的雞肉有些乾柴。

第十一道是甜點冰糖燉水梨，水梨沙沙的，入口卽化，裡頭搭配蓮子的味道是精髓，清爽可口

用餐環境上投入了相當大的心血，光是店面的整體佈置就足以當成一個觀光景點，是星級臺菜餐廳中的大亮點。服務與菜色表現中規中矩，沒有雷菜，偶有亮點，價格幾乎是星級餐廳中最低。訂位容易，套餐選擇多元，是三五好友聚餐的好地方。可以說是星級餐廳的價值，一般餐廳的價格，富錦樹台菜香檳堪稱 CP 值最高的摘星選擇。

8 人費用：

SP 聖沛黎洛 1000ml：180*2=360
薄荷四季豆：招待
4 人套餐：3,990 *2=7,980
麻婆豆腐：450
三杯軟絲：690*2=1,380
芋泥嫩肩：520
東方蜜美人——熱：250
總計：10,940+服務費 10%=12,034

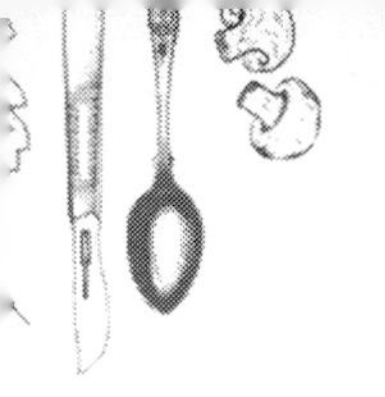

米香

2021 年｜米其林一星★

2022/1/8（六）｜用餐人數：17 人

臺北大直無疑是米其林餐廳大本營，光星級餐廳就高達5間，此次造訪2021年剛上榜的「米香」，位於大直五星級美福大飯店內，可想見其絡繹不絕的人潮，用餐當日還恰好碰上喜宴呢！

一開始聽到餐廳取名爲米香，便覺得很有意思，米食在臺灣飲食文化中佔有極重要的歷史意義，更代表人們對稻米的濃厚情感，因此命名爲「米香 MIPON」，向臺灣飲食文化表達敬意。米香秉持臺灣料理的道地風味，烹調上著重於傳統手法，並賦予更深刻的味蕾體驗，讓家常口味也能更有滋味，盤飾外觀則力求突破，將臺式獨樹一格的雅致搬上餐桌，特色小吃也能成精緻美味。

位於富麗堂皇的美福大飯店三樓，木製門面與店內木製桌椅擺設，充滿臺式風情，水晶燈飾則更增添了高貴及華麗感，空間寬敞舒適，賓客雲集，這次包廂內只有一個 20 人的圓桌，可說是米其林所有餐廳中的最大單一桌子，光二個面對面的人就相隔兩公尺以上，場面氣派！

由於人數衆多，加上第一次來米香，選擇了招牌桌菜套餐，首先是米香迎賓六小品，小魚辣豆干香氣十足，配上小魚干的鹹，是一道重口味的下酒菜。野生烏魚子則擺放成漂亮的翅膀形狀，每一片烏魚子都是羽毛，搭配蘋果片增添清爽。川味拌雲耳辣度十足，僅吃一小口就被辣油嗆到，立即喝了杯熱茶，整體感十足。口水小閹雞辣度十足，椒麻香氣十足，搭配花生的香與脆，讓雞肉層次更爲豐富，不知不覺就吃下肚。腸腸又臭臭令人印象深刻，是以炸豬腸與炸臭豆腐組合而成，兩者都是帶有獨特氣味的食物，搭配一起卻毫無違和感，令平時不敢吃內臟的人都吃得津津有味。煙燻黑豚舌的口感綿密，不似牛舌那般，反而柔軟而不帶彈性，調味上偏淡。

開胃前菜上完後，緊接而來的是瑤柱花膠佛跳牆，分裝成小碗，每碗裡頭都是滿滿的餡料，看到大塊又綿密的芋頭，對芋頭迷而言，無疑是一件興奮無比的事，入口即化的口感，讓香氣瞬間瀰漫於口中，配上各種肉、筍乾，是美味無比的一道經典臺菜。

接著是蠶絲沙律生菜蝦，外頭裹上麵線一同酥炸再淋上美乃滋，口感酥脆有層次，蝦子飽滿多汁，搭配生菜則去油解膩。

接著是蔭豉生蒸九孔鮑，底部是百頁豆腐，上頭擺放調味過的九孔鮑魚，整體調味順口，鮑魚大顆又多汁，上頭的蔥讓整體多了些爽朗。

下一道則是紅燒海珠鳳羽盅，以紅燒生蠔、雞翅，搭配馬鈴薯等多樣蔬菜，醬汁鮮甜，雞肉燉煮的軟嫩入味，醬汁相當下飯。

隨後是臺菜必備的海鮮樹子蔭瓜龍虎斑，這種石斑魚的

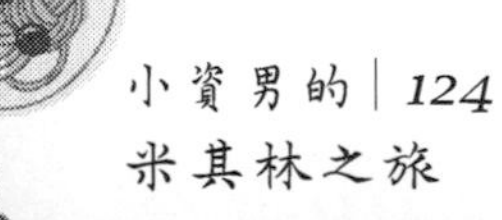

口感讓人驚艷，比龍膽石斑更爲細緻，柔軟卻又帶彈性，稚嫩的肉質吸飽湯汁，不需過多調味就足以讓人驚喜連連，是米香最特別的料理之一。

說到臺菜，最不可或缺的米食想必就是這道櫻蝦燒鰻米糕飯！不同的是，這米糕除了撒上櫻花蝦之外，還擺放紅燒鰻魚，香甜可口的鰻魚實在太令人滿足。

接著進入套餐的尾聲，在甜點前以湯品米香魚皮西滷肉作收尾，湯頭濃厚，裡頭滿滿的蔬菜與魚皮，蔬菜燉的相當軟爛。

可能因爲是 20 人的大包廂，主廚進來打招呼，同時熱情合照、發名片，並且招待兩盤米香菜脯蛋！另外還有手工麻糬，讓人感動不已！

主廚招待的麻糬，口感非常柔軟，裹上香氣十足的花生粉，是此生吃過最好吃的麻糬！

米香菜脯蛋需要時間，因此較慢送上，不過看到主廚兩手親自端上時，就覺得一切都值得了，菜脯烘蛋的外觀非常澎湃，就像一個小蛋糕般，相當蓬鬆，裡頭是滿滿的菜脯，蛋香四溢，菜脯不會過鹹，反而帶有新鮮的香氣，如果這時有白飯肯定可以馬上扒光一碗飯！

甜點是紅豆湯圓，在寒冷的冬日裡，來碗熱騰騰的紅豆湯圓，令人滿足，紅豆湯香卻不過甜，湯圓也是非常柔軟。

最後的寶島鮮時水果盤，也相當有誠意，是鳳梨、西瓜與哈密瓜三種水果組成，只能說臺灣的水果眞的非常美味！

位於五星級美福大飯店內，用餐環境與服務自是一流水準，可容納 20 人的「稻香」大包廂，既尊榮又有隱私，是聚餐的好地方。套餐的菜色都是大眾最能接受的經典口味，特別招待的菜脯蛋與手工麻糬也顯現出米香功夫菜的底蘊不凡。訂位容易，價格屬星級餐廳裡的中低價位，米香絕對是臺灣人不可錯過的摘星選擇。

17人費用：

桌菜：2,380*17=40,460

總計：40,460+10%服務費=44,506

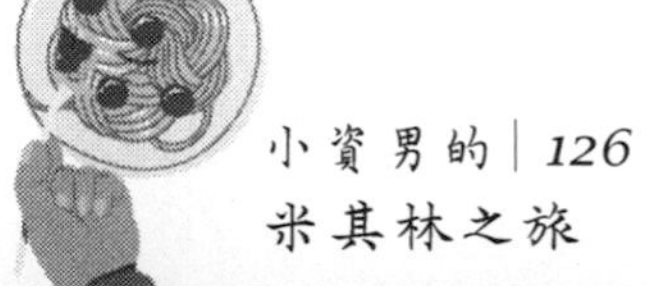

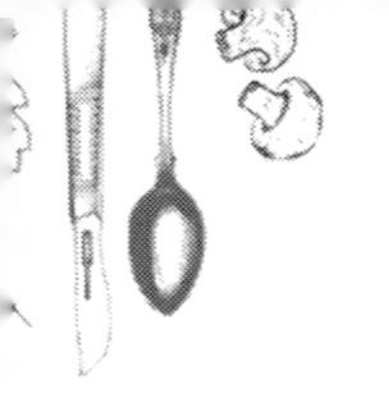

A Cut

2021 年｜米其林一星★

2022/1/12（六）｜用餐人數：2 人

位於國賓大飯店地下一樓的「A Cut」，與教父牛排同爲臺灣最頂級的存在。以「A」爲名，代表就是「最好的、A 級」之意，除了提供最頂級的牛排之外，同時享有優質的服務與用餐體驗。

餐廳位於飯店地下一樓，推開小門，一路沿著樓梯下樓，有神秘的探險感，抵達餐廳入口，映入眼簾的是更浮誇、華麗的裝潢風格，上頭霓虹燈光閃爍，搭配高腳桌椅、吧臺與一大排的酒櫃，令人瞠目結舌，似乎像是進入了一間高級酒吧而非牛排館！

店內非常寬敞，座椅皆爲深藍色絨布沙發椅，令人隨著環境氛圍放鬆下來。既然是星級餐廳，當然要選擇米其林雙人套餐。

首先送上了一籃牛排館必備的餐前麵包，共有兩種，分別爲楓糖丹麥麵包與法國長棍麵包，丹麥麵包蓬鬆的口感與微甜的酥脆表皮，讓人意猶未盡！

第一道開胃前菜是蟹肉與魚子醬，一整盒的魚子醬擺在眼前，浮誇到令人看的目瞪口呆。打開精緻的外盒，裡頭是擺盤好的料理，魚子醬搭配蟹肉，可以感受到蟹肉扎實的口感，一旁還配有蘆筍與蝦夷蔥醬。

第二道是香煎鴨肝，鴨肝上頭撒上五香花生碎，搭配黑莓醬與無花果，鴨肝煎的相當美味，薄脆的表皮與花生碎粒讓油脂含量高的鴨肝不會太過膩口，一旁的黑莓與無花果也有解膩去腥的作用。

第三道前菜，可以選擇時令鮮魚或布列塔尼藍龍蝦佐龍蝦醬汁，來自法國的藍龍蝦因爲太稀有，需額外加價2,000。

時令鮮魚以泰式番茄魚風格呈現，搭配辣根酸奶醬汁與蘆筍、醃漬蕃茄，番茄醬汁味道清爽，魚皮相當脆，魚肉軟嫩細緻。

布列塔尼藍龍蝦佐龍蝦醬汁的龍蝦已經剝好殼，整隻擺盤上桌，鮮紅的肉光用看的就相當可口，龍蝦口感非常有彈性，味道上有些海味的鹹，搭配以蝦頭熬煮的番茄醬汁，可以中和腥味，味道遠比一般龍蝦細緻。

第四道前菜爲花蓮玉里乾式熟成鴨胸，裡頭有芋泥元素與櫻桃醬汁，鴨胸的皮酥脆，肉質有嚼勁與韌性，口感上稍微偏硬，芋泥則散發濃郁又天然的香氣，與鴨肉的味道混在一起，配上酸酸甜甜的櫻桃醬汁，別有一番風味。

第五道爲清爽又小巧的青蘋果薄荷雪碧，酸酸甜甜的青蘋果製成冰沙，讓人不會因爲先前主餐的肉而膩口，馬上就清爽了起來。

接著送上四種鹽類搭配牛排食用，分別爲法國鹽之花、英國瑪爾頓煙燻海鹽、喜馬拉雅玫瑰鹽、夏威夷竹葉鹽，四種不同顏色的鹽巴，擺放眼前相當可愛，令人難以抉

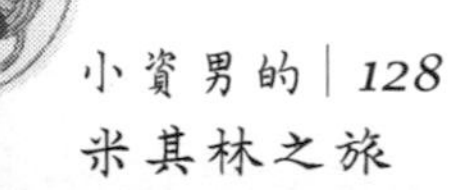

擇！

美國 FLANNERY 乾式熟成 21 日帶骨肋眼牛排終於上場，由左至右分別爲上蓋肉、肋眼心與骨邊肉，中間的肋眼心適合優先品嚐，因爲油脂比例最低，口感扎實有嚼勁，而上蓋肉則是第二油膩，其外皮更爲酥脆，肉質軟嫩，至於骨邊肉則最爲油膩、味道最重。

甜點爲凍頂烏龍舒芙蕾，搭配桂花冰淇淋。舒芙蕾綿密柔軟，濃郁的烏龍茶香瀰漫口中，熱騰騰的內餡入口卽化，是冬日裡的救贖！一旁的桂花冰淇淋清涼爽口，令人精神振奮！

最後一道甜點的外觀是浮誇的珠寶盒，名爲秘密花園，在人工草皮上擺放著各式各樣的甜點，每一種都精緻可口，巧克力脆片餅乾令人愛不釋手！

國賓大飯店爲歷史悠久的五星級飯店，招待過無數名人，用餐環境與服務屬一流水準，日本漫畫大師弘兼憲史還將 A Cut 放入了知名漫畫《會長島耕作》之中，足見其地位之崇高。在摘星之前，早已是臺灣牛排的首選之一，摘星之後，與教父牛排成爲唯二的星級牛排店，讓全國各地的吃貨慕名而來，卽使來自四方的牛排店不停挑戰 A Cut，但憑著高級的食材與卓越的料理手法，其在臺灣牛排界執牛耳的地位仍不動如山。最後，能在國賓大飯店改建前吃到 A Cut，無比幸運。

２人費用：

米其林套餐：4,500*2=9,000

藍龍蝦：2,000

水資：180

總計：11,180+10%服務費=12,298

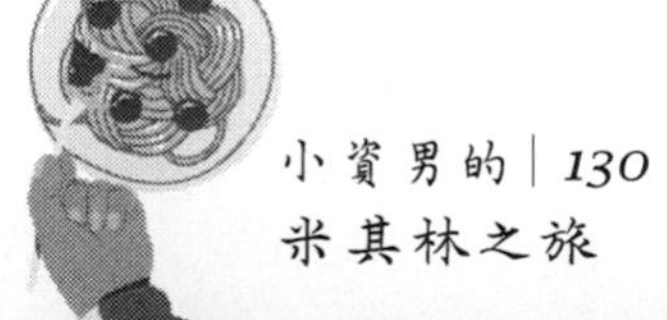

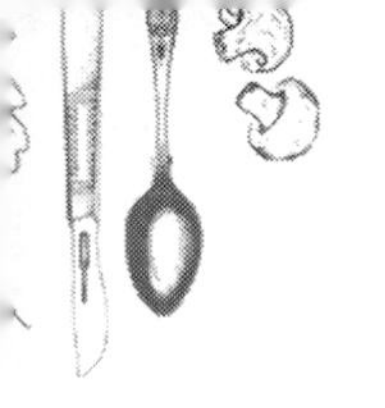

de nuit

2021 年｜米其林一星★

2022/1/15（六）｜用餐人數：4 人

位處臺北市大安區精華路段信義路上的法式餐廳「de nuit」，於 2021 年首次獲得米其林一星的肯定。外觀低調，必須推開兩道門，經過蜿蜒的長廊才能夠抵達餐廳內部，空間設計優雅而隱密，de nuit 在法文中，意指夜晚（by night），期望每個夜晚，不論是家人或朋友聚餐，能在優雅浪漫且低調奢華的空間內，靜下心來享用傳統與創新兼具的法式料理。同時，餐廳希望用細節恰到好處的講究，創造細膩入心的體驗。

其料理以傳統法式菜爲基礎，並運用當令食材，融合臺灣文化與元素，重新詮釋當代法國料理，希冀做出讓臺灣人更喜愛的法國菜。灰暗的用餐環境，墨黑色桌巾、絨面沙發和灰色座椅，給人一種內斂沉穩的感覺，心情很快便能放鬆下來。

首先送上法式料理必備的餐前麵包，是法國長棍與酸種麵包，奶油氣味偏淡。

第一道開胃前菜是鱒魚塔塔/酸奶/葡萄柚，薄脆的塔皮擺上鱒魚生魚片，上頭擺放鱒魚卵並淋上酸奶、葡萄柚果肉增加酸度，使這小巧可愛的前菜很開胃。

第二道前菜為卡門貝爾乳酪/花粉/無花果，以起司蛋糕為概念發想，將乳酪灌入氮氣瓶中，噴在百香果醬及炙燒過的無花果，撒上蜂蜜花粉，帶有慕斯的質地與口感，相當綿密，乳酪的氣味夾雜著酸甜的蔬果香。

第三道是招牌煙燻鵪鶉蛋/蒜味美乃滋/紅玉紅茶，首先以紅茶醃漬過的鵪鶉蛋，放在阿拉伯麵線上，再用櫸木煙燻，類似茶葉蛋的做法，而蛋與麵線中間則是提味的蒜味美乃滋。米線細緻，酥炸過後的口感爽口，小小一顆蛋居然以溏心蛋的樣貌呈現，流心的蛋黃特別讓人意猶未盡。

第四道為冷前菜聖女番茄/鹽漬蘑菇/蔥油，把蘑菇以鹽醃漬過後薄切，上頭擺放醋漬番茄並淋上蔥油汁、撒上辣椒粉提味與松子增添口感層次，底部的蔥油汁香氣十足，吃完料理還可以拿麵包將盤子殘留的醬汁一掃而空。

第五道為熱前菜波士頓龍蝦/柑橘/馬告，醬汁是以蝦膏熬煮的法式 Bisque，淋於波士頓龍蝦之上，再搭配炙烤過的柑橘與干貝和鮮奶熬煮的泡沫，最後撒上馬告胡椒。醬汁本身的龍蝦鮮味十足，柑橘的甜剛好中和海鮮的腥味和鹹味。

第六道也是海鮮料理的馬頭魚/番紅花/淡菜，馬頭魚採用經典的立鱗作法，外層酥脆，魚肉則細嫩，搭配法式蛤蜊醬汁，以魚高湯和蛤蜊高湯熬煮而成，味道鹹卻帶有鮮美，醬汁更因為添加了香草番紅花而呈現鮮黃色，一旁搭配裡頭包著魚漿慕斯的綠蘆筍，娃娃菜與金蓮葉淡菜。

第七道是門面的血腸國王派/鴨肝/松露，酥脆的派皮裡頭是帶甜的血腸、酸甜清爽的皮果泥與油脂豐富的鴨肝，

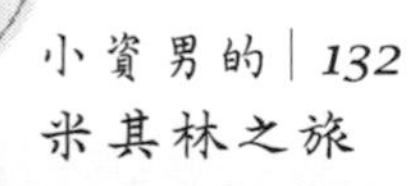

最後撒上滿滿的黑松露，層次鮮明又能完美交融，實是驚爲天人的一道菜。

第八道爲主餐 M9澳洲和牛菲力/可可/防風根，牛肉採用 5 分熟的澳洲和牛，分爲兩塊，其中一塊上層裹有可可粉，可可的苦帶出牛肉本身的甜，蘸上咖啡醬汁後油膩感瞬間一掃而空，可可脆粒的口感也提升了整體的層次，一旁搭配的防風根泥比馬鈴薯泥細緻柔軟，味道香甜，搭配菇類與櫻桃蘿蔔相當清爽。

第九道爲隱藏版菜單起司盤，這是經典法餐必備，起司總共三種，分別爲原味起司、滴上 10 年巴薩米可醋的起司，還有洛克福藍紋乳酪，可以搭配果醬與蜂蜜享用，細細品味還能嚐到起司獨特的香。

第十道是甜點西洋梨/青蘋果/蒔蘿，以西洋梨冰沙與果肉淋上接骨木花酒與蒔蘿油，搭配青蘋果片有畫龍點睛的效果。

最後一道甜點則是達克瓦茲/法芙娜巧克力/香草，把達克瓦茲的餅皮鋪於下方，搭配柑橘醬與威士忌冰淇淋，一旁的榛果巧克力帶有微微的苦香，柑橘的酸甜則混合香草的甜蜜，感覺像是一張拼圖，每一塊元素都各自在其崗位上大放異彩。

茶點是小巧的可麗露與馬卡龍，個頭雖小，味道與口感卻精緻細膩，搭配熱茶，完美收尾。離開時還會送上小點心作爲禮物，美味程度不下於正式的茶點。

2019 年 11 月開幕不久就遇到疫情，在疫情的陰影之下，de nuit 能於 2021 年奪星實屬不易。套餐價格幾乎是

T+T 的 2 倍，訂位難度卻不下於 T+T，憑藉的便是超群的實力。服務細膩，環境靜謐沉穩，調味順口，料理在傳統與創意間兼容並蓄，讓人像是來到了法國用餐，得到一星絕非偶然，亦為臺灣的法餐迷提供了一個絕佳的選擇。

4 人費用：

套餐：4,500*4=18,000

水資：360

總計：18,360+10%服務費=20,196

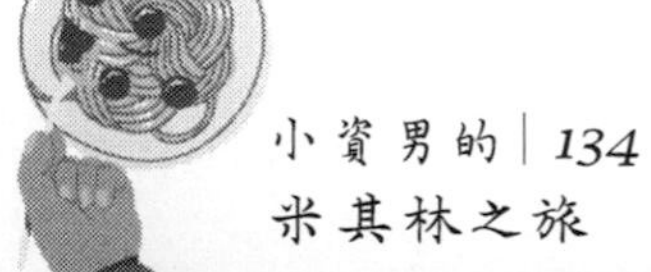

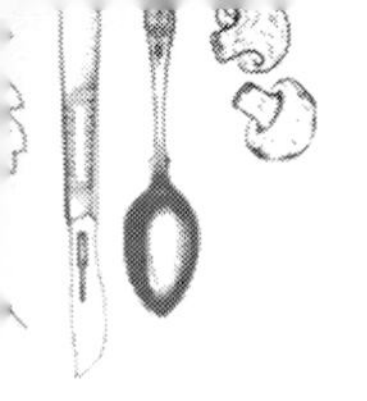

MUME

2020 年｜米其林一星★

2022/1/21（五）｜用餐人數：2 人

2021 米其林評鑑公布後，最令人驚訝的就是這間位於東區巷弄中的創意料理「MUME」，尤其是連續三年被評選爲亞洲 50 最佳餐廳，更在 2021 上升至第 15 名，名列 RAW、logy 等米其林二星餐廳之前。

MUME 的餐廳外觀低調，隱身於巷弄中很容易被忽略，石灰色系的大門僅低調的嵌上小小的四個英文字母，給人一種神秘氣息。

菜單爲套餐制，並點了兩杯推薦調酒作爲配餐飲品，首道餐點爲蒸餾蔬菜湯，熱騰騰的蔬菜湯品，最適合作爲冬日裡的開胃菜！湯頭屬於清淡類型，帶有蔬果清香與微甜。

鰻魚、薄餅、高山水梨以福建潤餅的概念設計，用蕎麥餅包裹鰻魚內餡，捲起的樣子像墨西哥經典小吃 Taco，鰻魚先蒸再烤並以發酵米醬油提味，香氣突出。

醃漬蕃茄、刺蔥、薑汁凝乳的外觀漂亮精緻，像一座迷你小花園，裡頭有各種蔬菜、食用花，有些類似乳酪的味道與口感，調味順口協調，擺盤裝飾漂亮。

煙燻鱒魚、水果黃瓜、破布子是一道海鮮的開胃前菜，鱒魚帶有明顯煙燻香氣，搭配的醬汁以破布子調製而成，酸酸辣辣的更爲清爽。

下一道是自製酸麵包、昆布奶油，上面撒上鹽之花，昆布香氣則讓人意猶未盡，會讓人想多吃一塊麵包。

第六道料理爲熟成鵪鶉、珊瑚菇、黃酒，鵪鶉肉使用胸與腿兩部位，胸部的肉質細嫩，以醉雞烹調手法爲概念發想，色澤呈現稚嫩的粉紅色，帶有淡淡的酒香，腿部則帶有骨頭的香氣。

亞洲馬鈴薯、經典藍乳酪、胡桃精緻漂亮，名爲馬鈴薯的食材，其實是山藥，口感特別，的確如馬鈴薯那般綿密，卻帶有一絲清爽，搭配藍乳酪的鹹香，且藍乳酪的味道不會太搶戲，上頭搭配的是素食版的魚子醬，實則以秋葵子製成，成功創造類似魚子醬的口感。

第八道料理爲炭烤龍蝦、台灣菊芋、烏魚子，分爲兩個部分，炭烤龍蝦與菊芋和龍蝦烏魚子義大利麵，炭烤龍蝦鮮甜，口感彈性，菊芋口感滑順，帶有馬鈴薯的香氣，燉飯上頭擺放一大塊龍蝦肉，底部烏魚子義大利麵則帶有烏魚子的鹹香，腥味不會太重，搭配米型麵，口感上類似米飯，是其特色。

甜點是鳳梨釋迦、焦糖核桃、薄荷，以鳳梨釋迦搭配焦糖核桃冰淇淋，鳳梨釋迦並不臭，反而帶有一絲鳳梨的酸甜清爽，結合釋迦本身的香氣與薄荷葉，有解膩的效果，焦糖核桃冰淇淋則是舒服的甜。

班蘭銅鑼燒是結合臺灣在地小吃與南洋風味元素而產生的料理，味道香甜，銅鑼燒熱騰騰的，裡頭內餡則是相當

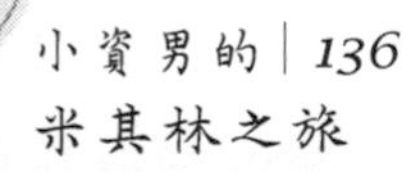

冰涼，層次豐富。

3,880 的套餐價格，即使在星級餐廳中也不算低，在掉星之後，願意為此價格買單的客人應該會少很多。但若是降價，則未免自損威風，未戰先敗。是該就此放棄星星的榮光，還是繼續努力回到星星的行列，身為掉星的餐廳，MUME 的後續發展引人注目。用餐環境、料理口感、擺盤創意、人員服務都還是一星的水準，所以在亞洲 50 大餐廳的排行中，甚至還是臺灣最佳。因此，雖然掉星，實力猶存，但訂位卻變得相對簡單，之前一直訂不到位的人，可以趁這個機會看看到底這家亞洲第 15 名的餐廳為何會掉星。

2人費用：

套餐：3,880*2=7,760

水資：100*2=200

調酒：280

調酒：380

黑松露：380

總計：9,000+10%服務費=9,900

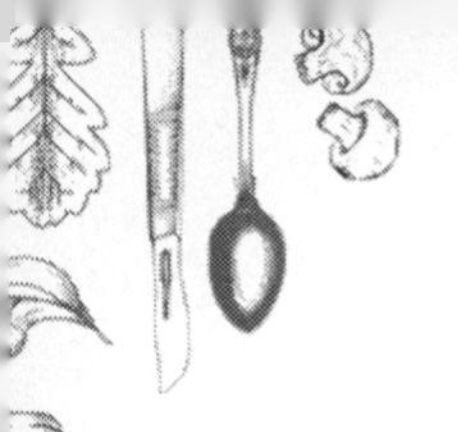

Forchetta

2021 年｜米其林一星★

2022/1/22（六）｜用餐人數：2 人

「Forchetta」是座落於臺中西屯區的地中海無菜單餐廳，在 2020 年米其林評鑑首度進駐臺中就摘星，隔年繼續蟬聯米其林一星。曾於臺北開業 12 年，標榜以新鮮的在地食材做出精緻的地中海料理，菜單與食材會依季節做更替。

黑色招牌略顯低調，餐廳位於二樓，一開始不知道還站在門外等候許久，寬敞的環境與質感的裝潢，呈現出高級餐廳的奢華感。店內空間以大片的透明玻璃窗構成，外頭種植了許多植物，綠意盎然的畫面令人身心舒暢，陽光灑落的景緻迷人。

主餐共有四種供選擇，除了搭配餐酒外，還有無酒精飲品。

麵包搭配兩種蘸醬，分別爲牛番茄醬與蒜味美乃滋，鄉村麵包香又酥脆，裡頭加了些黑橄欖，蘸上醬汁畫龍點睛，番茄香搭配帶有蒜香的酸甜美乃滋，濃濃地中海與墨西哥風情！

如果紅茶是店家的特選茶，透著迷人的琥珀色澤，散發著水果甜美的清香，是臺灣高海拔梨山茶區的青心烏龍茶種，紅茶以冷萃的方式呈現，帶出熱帶水果的香氣與烏龍茶

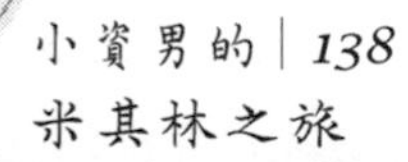

本身的苦韻，滑順溫和。

金棗蜜紅茶是將自製的金棗糖蜜，融合薄荷、檸檬及接骨木花蜜，茶香中的酸甜滋味，搭配些許碎冰清爽。

招待的芋香冬瓜清湯有淡淡的芋頭香氣，胃馬上就跟著暖起來了。

前菜共有四品，菜單上並沒有詳細介紹，應該是根據每日食材不同而做調整。

開胃前菜爲砲管，以慢煎方式調理，搭配蓮藕片、梅漬紫蘇與秘魯冰沙，底部襯以鴨蛋製成的蛋黃醬，搭配茭白筍，上頭擺放店家種的繁星花作爲點綴，料理的主韻酸酸甜甜，蓮藕切得非常薄，砲管則帶有煙燻香氣。

第二道開胃前菜爲土魠魚，經過慢煎慢烤後，搭配花生豆芽與牛番茄發酵後製成的泡沫，土魠魚肉表皮脆又帶有焦香，油脂豐富、肉質新鮮微鹹，口感扎實有彈性，泡沫則帶有番茄明顯的酸，豆芽清脆。

第三道開胃前菜是招牌手工義大利麵，麵條以鹹蛋黃與杜蘭小麥以手工製成，製作過程不加一滴水，因此麵體質地較硬，較有口感，也較不會因醬汁蘸黏在一塊，能絲絲分明。除了以蔬菜醬汁調味外，還加入了臺南榨菜和鳳山雞肉，最後再淋上特製的雞心辣椒玄米油。麵條有嚼勁，香氣十足，搭配榨菜帶有微微的酸，雞肉軟嫩不過分量很少，淋上辣油後，瞬間覺得整碗麵都完整了，非常美味，也讓雞肉的味道更爲突出。

第四道開胃前菜是松露馬鈴薯泥慕斯，馬鈴薯泥搭配松露與起司，香氣十足，口感綿密，底部是炭烤後的洋菇，水分飽滿口感軟嫩，味道略鹹，能增添整體風味。

主餐是紐西蘭法式小羔羊排，羊排上加以黃芥末子烘烤，質樸地展現羊排的鮮嫩肉質，佐以義大利海鹽、西班牙紅胡椒、黑色黑蒜頭醬汁與綠色刺蔥粉，將炙烤的羊肉襯托出美妙的甜嫩，羊肉處理得幾乎沒有腥羶味。

甜點為紅心芭樂冰沙，搭配粉圓與桑椹汁，皆為臺灣在地食材，很有親切感，粉圓口感 Q 彈不甜，甜度皆來自冰沙。

第二道甜點是桂圓巧克力，上頭撒上 100%可可粉，可可果肉淋上的白色醬汁為沙巴雍，以蛋黃和香甜酒製成，甜中帶苦。

臺中市不似臺北市擁擠，房租也相對親民一點，因此用餐環境寬大舒服，也較有空間造景。價格上屬中低價位，訂位難度在臺中星級餐廳中屬容易等級，服務雖不到極度細膩，但卻也是在水準之上。料理創意十足且美味可口，又屬少見的地中海風格，美食愛好者錯過絕對可惜，Forchetta 絕對是臺中摘星的入門首選。

2 人費用：

日本 A5 特級和牛套餐：2,980

紐西蘭法式小羔羊排套餐：2,300

水資：280

金棗蜜紅茶：120*2=240

如果紅茶：120

總計：5,920+10%服務費=6,512

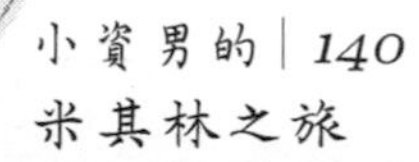

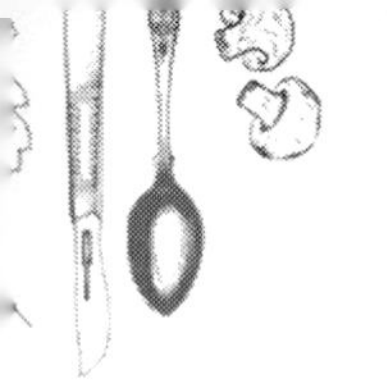

鹽之華

2021 年｜米其林一星★

2022/1/23（日）｜用餐人數：2 人

「鹽之華」是連續兩年獲得米其林一星的法式餐廳，主廚是臺灣星級餐廳少見的女性黎俞君。

鹽之華命名由來是因爲法國的鹽之花，花字與古字的華同義，餐廳風格如同鹽之花的細緻、迷人，餐廳外以黑白兩大色塊爲視覺主體，給人低調、簡約，卻不失奢華的感受。

空間格外寬敞，灰白色系配合明亮的採光，馬上讓人放鬆下來，氣氛舒適。幸運的是，座位就在窗邊，白色窗簾透入陽光，那迷人的景致令人愛上這裡。

午餐提供兩種價位的套餐，分別爲 3,500 的季節套餐與 5,880 的品嚐套餐，同行的人只能選擇一種價位，無法分點二種套餐。

餐點上來前送上熱薑茶暖胃，相當貼心。隨後是金桔分子料理球凍，將球凍置於向日葵花朵中央！球凍一入口馬上在口中爆開，帶有淡淡的金桔香。

餐前麵包呈現圓餅形狀擺放於木托盤上，相當可愛，有別一般法式餐廳最常碰到的法國麵包，這裡的麵包是香椿馬告麵包，類似於佛卡夏，搭配特選橄欖油，香氣十足，外皮酥脆，麵包體卻柔軟，相當有層次。

開胃小品是生軟絲寬麵、菜心、墨汁天婦羅，法式的生軟絲營造出義大利麵的口感，上頭搭配墨魚汁製成的顆粒狀天婦羅，底部則以起司鋪墊。軟絲口感柔軟，底部的起司讓人有種在品嚐奶油白醬義大利麵的感覺。

沙拉是魚子醬與熟成海魚、優格球、橄欖油、食用花，土魠魚是少見的生魚片狀態。捲成圓柱狀後，裡頭藏有鱘龍魚子醬，讓整體的鹹味提升，盤底是清爽的綠色青蘋果果凍，一旁還有煙燻起司球凍，酸酸甜甜的滋味恰到好處，起司與魚子醬搭配後，濃郁的煙燻香也可以去掉腥味，整體調味融合得非常協調。

千層鴨肝方塊、香料蛋糕的鴨肝切成方塊狀，做成千層酥蛋糕，小巧精緻，搭配杏桃柳橙凍，並附上一塊烏龍芒果麵包，酥脆外皮與綿密鴨肝交錯的口感很有層次，芒果麵包 Q 彈有嚼勁，裡頭還有芒果肉。

洋蔥湯的湯頭爲牛肉高湯，帶有濃郁的洋蔥香甜氣味，湯裡頭還有起司球凍，上頭還有起司與黑松露，是濃郁卻質地清爽的湯品。

下一道爲澎湖海魚、貽貝、發酵百香果、羅勒油，以青嘴龍占作爲主角，低溫慢煮至入味後再以油淋，將表皮催化出膠質油香，並盛入由魚骨長時間熬製而成的法式海鮮清高湯，上頭以蛤蜊、野生魚貝鋪頂，搭配發酵過的百香果和馬賽茴香酒熬煮而成的酸鮮醬汁，再點綴上羅勒油後更顯清新層次。其中百香果醬汁的酸酸甜甜襯著魚肉微微的鹹，不搶其風采，卻又在底蘊帶出魚肉的鮮味，一旁的淡菜

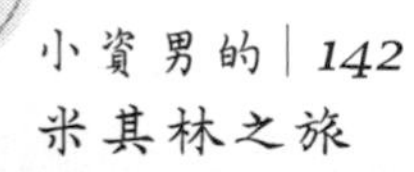

卻又是不同風味的鹹。

干貝、野菜起司餃、帕瑪森起司泡泡以蔬菜製成的餃皮包裹著大顆的干貝，上頭以芥蘭花甜豆點綴，底部則是滿滿的起司泡泡，干貝飽滿扎實，起司泡泡濃郁的香氣相當提味，甜豆的甜也平衡的剛好。

主餐是龍眼木烤乳鴿、發酵金桔醬、黑松露、玉米筍、開心果，乳鴿的鴿胸上以一片片的黑松露作爲裝飾，外觀看上去好像羽毛，非常精緻，一旁還有鴿腿搭配義大利開心果，醬汁微辣，質地濃稠，有種在吃烤肉的感覺，一旁搭配的時蔬有橘子、空氣洋芋、皺葉高麗，是少見卻與醬汁非常搭配的蔬菜，底部乳鴿醬汁則增添整體層次。

甜點爲清爽、解膩的檸檬紫蘇冰沙、梅子汁，是以香水檸檬與紫蘇葉製成的冰沙，裡頭還有椰子凍與梅子汁，酸酸甜甜的有種夏天的味道。

第二道甜點是木材蛋糕，精緻可愛，好像將迷你森林裝在碗裡，蛋糕外層是巧克力，裡頭則是莓果口味的內餡，好看又好吃。

最後還有精緻茶點，搭配餐後茶飲，小巧精緻，口感上卻有層次，作爲收尾實在是太幸福。

用餐環境寬大明亮，搭配造景，更顯氣派。餐點創意與美味兼具，擺盤用心，食材講究，可以感受出女主廚的細膩與精雕細琢，服務更是無話可說。雖是一星餐廳，但品嚐套餐的價格已接近星級套餐中的最高價，水費也非以人頭計費，想要完整體驗，要價不菲。除價格可能太高外，鹽之華絕對是臺中值得一訪的頂級餐廳。

2人費用：

品嚐套餐：5,880*2=11,760
Chateldon 氣泡礦泉水：380
S.Pellegrino 氣泡礦泉水：320
總計：12,460+10%服務費=13,706

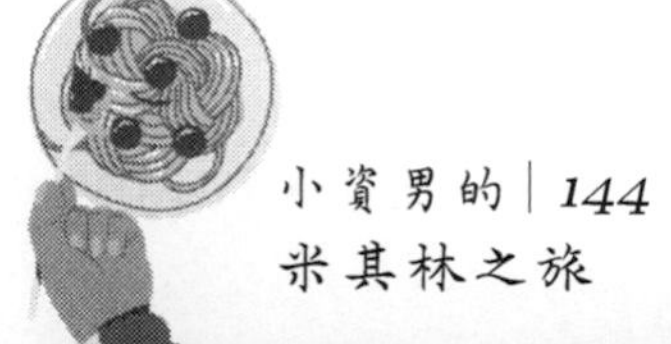

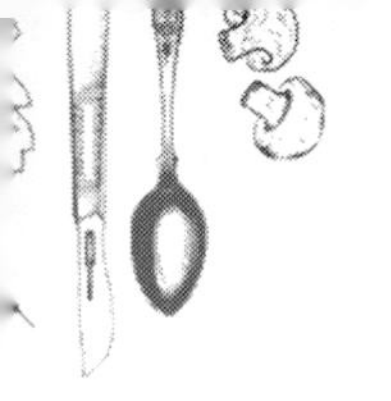

大三元酒樓

2020 年｜米其林一星★

2022/2/12（六）｜用餐人數：6 人

說到港式飲茶，就不得不提到一間臺灣歷史悠久、在粵菜料理界地位崇高的餐廳，就是位於衡陽路上的「大三元酒樓」，曾於 2018 年至 2020 年連續三年拿下米其林一星。

酒樓氣派華麗，保有傳統中式餐廳的闊氣，斗大的招牌寫著大三元字樣，一步入酒樓，映入眼簾的是正中央店名的匾額與各種古董擺設，有種老派中式餐館的莊重感，包廂則有古色古香的感受。

第一道料理爲蜜汁叉燒與黃金脆耳凍拼盤，肥嫩多汁的叉燒肉，香甜可口，耳凍 Q 彈又入味。

苦茶油雞湯是招牌菜色，湯頭香濃，與麻油雞不同的是將麻油換成了苦茶油，增添了獨特的苦韻，更爲清爽，裡頭的雞腿肉是扎實又有彈性的土雞腿肉，不論是口感還是調味，都更爲精緻細膩，作爲開胃湯品再適合不過。

港式片皮鵝的外觀與烤鴨大同小異，油亮的外皮令人食指大動，第一吃便是捲餅，第一個捲餅會由餐廳包好，接下來便由客人自由搭配，鵝肉的皮脆又多汁，油脂豐富，捲餅的皮稍厚，讓鵝肉油膩感不至於太重，鵝油香氣瀰漫於口中，滿足感十足。之後鵝架拿去煮米粉湯，並將剩下的鵝肉切盤。

鮮茄大鮮鮑是眾多老饕的必點菜色，更是米其林官網推薦的餐點，鮑魚大顆，口感飽滿扎實又有嚼勁，結合臺式與港式元素，上頭搭配番茄、九層塔，下方是玉米筍，味道酸甜清爽。

金棗蜜排骨以宜蘭優質金棗帶來的酸甜香氣，搭配肉質細嫩肥美的排骨，滑順的口感中帶有排骨油脂香，同時又有金棗去油解膩，平衡感十足。

接下來是米其林官網中特別指名的海鮮焗木瓜，將甜度適中的木瓜剖半、去籽後，加入滿滿的餡料，有蝦子、干貝、百果、蘑菇、魚板等等食材，最後鋪上起司焗烤，品嚐時將木瓜與餡料一同放入口中，獨特的香甜氣令人驚喜，蔬果則增添了整體層次。

下一道是鵝油炒滑蛋，滑順的蛋還帶有生蛋黃口感，濃稠中又有鵝油的香氣，看似用料簡單卻美味。

荔芋香酥鴨的芋頭沒有太多調味，帶有自然香氣，鴨肉口感柴，加上酥炸外皮，味道搭配十分恰當。

清爽解膩的上湯嫩絲瓜，就是一般會吃到的絲瓜，去油解膩相當有效。

最後是鵝架熬煮出的鵝粥，分量十足，裡頭有芋頭、白菜等等，湯頭不會油膩，粥煮的恰好，鵝肉的味道都有煮進湯裡，作為收尾十分適宜。

招待的招牌甜點是麻將造型的中發白紅豆糕，總算吃到餐廳的同名餐點，不過當天沒有提供港點，稍嫌可惜。

連續三年摘星之後的掉星，大三元酒樓面臨空前的挑

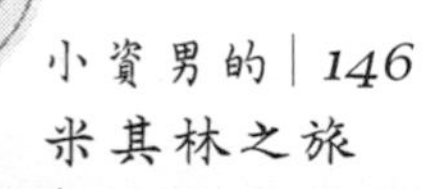

戰。2021 年新上榜的星級餐廳中沒有同類型的對手，表示對手就是自己。因屬傳統老店，服務生年紀偏大，服務自然無法像其他星級餐廳細膩，但同時也不像其他星級餐廳有用餐時的嚴謹壓力。若要重新裝潢，恐反而破壞原有的傳統風味，而味道本身，則更爲主觀，到底該如何重新奪星，恐是一大難題。原本價位就不高，訂位在掉星之後更爲簡單。因爲星級餐廳中並沒有新對手，且位於熱鬧的火車站與西門町中間，即使無星，大三元酒樓仍是粵菜料理的好選擇。

6 人費用：

什錦拼盤：680
港式片皮鵝（三吃）：3,680
活生鮑：500*6=3,000
海鮮焗木瓜：360*3=1,080
荔芋香酥鴨（小）：480
排骨：480
嫩絲瓜：360
鵝油炒鮮蛋：300
茶油雞麵線：220*6=1,320
茶資：30*6=180
總計：11,560+10%服務費=12,716

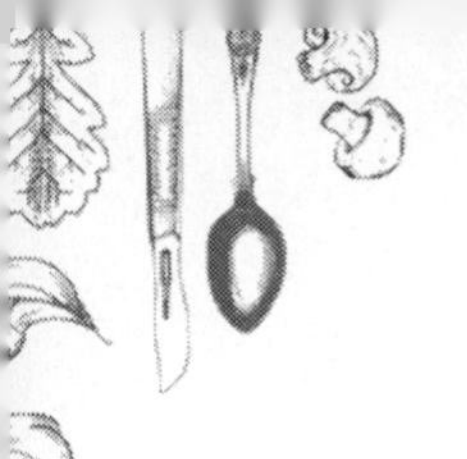

牡丹

2021 年｜米其林一星★

2022/2/23（三）｜用餐人數：2 人

隱身於大安區巷弄中，有著以天婦羅爲主角的餐廳「牡丹」。喜愛高級日料的人，必定曾聞其名。牡丹於 2021 年首度榮獲米其林一星殊榮，訂位可以說是比登天還難。

外觀低調，僅一塊小招牌寫著「牡丹」，於夜晚的街道上隱約閃爍著燈光，大門後站著一位服務人員，等待替用餐的賓客開門，步入店內經過的是一狹窄的長廊，灰白色牆壁與黑色階梯帶有簡約、又低調的神秘感，直走到底居然還不是用餐區，而是空間非常寬敞的玄關與通往包廂的木門，牆上有一朵水墨畫風格的盛開牡丹花，帶有一股禪意，高貴而典雅。

牡丹承襲了來自日本的頂級烹飪技術，食材皆是由世界各地的港口所精挑細選，每日運送來臺北，使用日本的太白胡麻油來油炸、日本低筋薄力麵粉作爲麵衣，以絕佳的技藝手法，料理出最高級且精緻的天婦羅。用餐之前，會先端出當日會使用到的新鮮食材供客人拍照、欣賞，小小的木盒裡頭，裝有各式各樣的高級食材，例如：A5 和牛、海膽、魚翅、明蝦等等⋯⋯，甚至是蔬菜，品項應有盡有。

前菜料理爲牡丹先付、虎河豚白子、魚子醬，以虎河

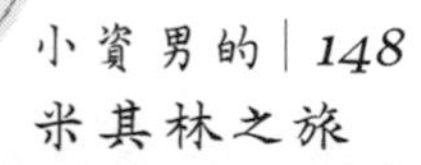

豚白子搭配魚子醬，底部有越光米，上頭則是以紫蘇花點綴，有增添草本香氣的效果，越光米飯粒粒分明，搭配白子的綿密中和的剛剛好。

接著是牡丹椀盛、小長井、牡蠣，小長井出產的牡蠣曾榮獲牡蠣冠軍！搭配的高湯帶有柴魚增添的煙燻香氣，牡蠣飽滿鮮甜，湯頭還搭配柚子皮，使海鮮的香氣中還帶有蔬果的清爽感。

第一道天婦羅爲鹿兒島、經典、極稀、卷海老，來自鹿兒島的稀有明蝦，油炸過後表皮酥脆，肉質香甜！隨後又是第二隻海老，不同的是，這次以更高的油溫酥炸，口感上更有彈性，更扎實，不變的是一樣香甜可口！

鹿兒島、經典、逸品、鱚就是尖梭魚，天婦羅炸的雪白，從外觀看上去就像一塊白色礦石，誰知一咬下去的口感卻非常軟嫩，魚肉質地非常細緻，蘸上酸酸的檸檬汁相當合適，尾巴的部分則搭配蘿蔔泥，香甜又清爽。

北海道、大極上、赤雲丹盛大葉是來自日本北海道的馬糞海膽，包裹於紫蘇葉中一同油炸，在精湛手藝下，口感外酥內嫩，一咬而下先是紫蘇葉的草本清香，接著便是滑嫩香甜的海膽香，層次豐富，外觀精緻。

南非、海幸盛、鮑魚的食材看似簡單，其實是先以高湯煨煮過後才下去油炸，口感彈性，入口竟像麻糬一樣，讓人驚喜連連！

第七道料理爲牡丹自慢逸品、金絲透排翅、松露醬，魚翅外皮炸得酥脆，柔軟有彈性，富含膠質，黑松露醬則是畫龍點睛，醬汁非常香，兩者搭配起來簡直完美。

牡丹的打卡招牌員山、名物、子鮎，也就是俗稱的小香魚。看著下鍋前細心地處理香魚、替它們擺好姿勢，下油鍋炸後撈起各個栩栩如生，就好像一尾正在跳躍的小魚，肉質細緻。

第九道爲嘉義、小農、白蘆筍，將潔白漂亮的蘆筍下去炸後，仍保有豐富的水分，多汁又香甜，恰好解膩。

牡丹限定、白菜芽、絹莢是中場休息時解膩的蔬菜，白菜芽爲白菜心的部位，是最嫩的地方，搭配絹莢柴魚高湯醬汁，再以柚子皮點綴，更增添層次，高湯溫和的淡香也暖胃。

下一道是牡丹限定、午魚、烏魚子，以午魚片包裹著烏魚子下去油鍋炸，魚肉細嫩，裡頭烏魚子口感綿密，一口咬下後香氣一湧而出，絲毫不會有腥味反而帶出烏魚子的香甜。

第十二道料理是牡丹限定、宮崎 A5 和牛、段木香菇，將和牛捲成筒狀，裡頭包著一小塊段木香菇，一咬而下外酥內嫩，首先是和牛油脂噴發的香氣與濃濃的牛肉汁，接著便是香菇獨特的氣味，中和起來完全不膩口。

第十三道料理爲北海道、名物、甜玉米，甜玉米非常香甜，是不可或缺的美味。

雲林、特饌、白鰻的白鰻油脂豐富，帶有鰻魚獨有的膠質感，外皮炸得薄脆，肉質彈嫩。

第十五道爲中日合璧的合興、祈福、年高，將臺灣傳統年糕，包裹紫蘇葉後下去炸成天婦羅。

牡丹食事、海老、海鮮珍天丼有茶泡飯與丼飯兩種選

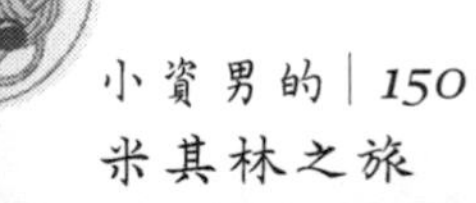

擇，茶泡飯是將炸過的海老泡到茶裡頭，有些軟爛，香氣不減，茶湯使用的是煎茶。

白河、古法黑糖、蓮餅既滑順，又帶有柔軟的彈性口感。

塔斯馬尼亞、名物、櫻桃就是兩顆好吃的櫻桃。

北埔、國寶姜肇宣、東方美人茶是臺灣的國寶茶，香氣濃郁，清爽解膩，作爲收尾令人滿意。

以一道道精彩的天婦羅得到米其林一星，雖爲炸物卻絲毫不膩口，足見深厚的料理實力。食物美味、精緻、講究且細膩，服務周到，環境舒適，每日也會視食材微調菜單，是可以短期內密集造訪的米其林套餐店。價格屬星級餐廳中的高價，訂位更是異常困難，屬傳說等級。可以說，只要能訂的到位，牡丹絕對值得一訪。

2人費用：

套餐：6,500*2=13,000

水費：80*2=160

總計：13,160+10%服務費=14,476

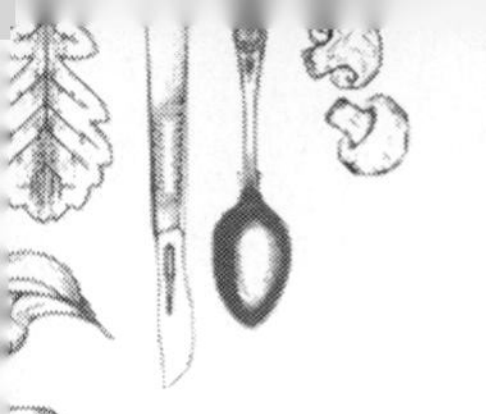

明福台菜海產

2021 年｜米其林一星★

2022/2/26（六）｜用餐人數：10 人

這間位於中山北路巷弄中的「明福台菜海產」，可以說是臺菜的霸主，是一間已開業 40 年的老店，賓客雲集，牆上不乏政商名流用餐留念的相片、簽名，雖然環境簡樸，實力卻不容小覷，於 2018 年米其林評鑑進入臺灣時，便摘下一顆星星，並且蟬聯至今。

令人印象最深刻的就是那老舊的門面招牌，斗大的寫上「明福台菜海產」六個字，冷氣是最古老的窗型冷氣，不得不欽佩，其摘下星星的實力完全來自料理本身。

準備好的幾盤招待小菜早於放置桌上，分別爲醃漬蘿蔔、涼拌木耳與鹹蜆仔，蘿蔔脆又入味、木耳醬汁微辣帶酸，淸爽開胃，蜆仔調味偏鹹，但可以吃到蜆仔的鮮甜，且沒有腥味！

第一道是野菜山蘇，口感爽脆，搭配小魚乾拌炒後的鹹香更添層次，是平時少見的料理。

蒜泥香蚵的蚵仔裹上一層薄薄的太白粉，提升口感層次，蚵仔肥美飽滿，搭配蒜泥、醬油與辣椒醬，撒上香菜，是經典的臺灣味料理。

香酥蝦捲是來自臺南的著名小吃，外皮炸得酥脆，薄

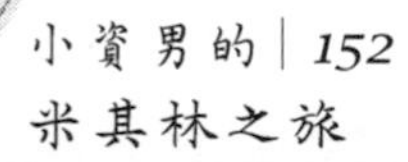

薄一層不會太搶戲，裡頭的蝦仁鮮甜多汁，蘸上酸酸甜甜的辣醬畫龍點睛。

第四道料理爲燒烤九孔，九孔鮑魚上頭搭配炙燒過的美乃滋，酸酸甜甜的搭配飽滿多汁的彈牙鮑魚，鮑魚帶有微微的腥味。

麻油雙腰有豬腰子與雞腰子，也就是雞咈，麻油湯底味道溫潤順口，不會過嗆也不辛辣，可以當作湯飲直接飲用，豬腰子口感彈嫩，雞咈則是飽滿又綿密，冬天來上一碗熱騰騰的麻油雙腰再幸福不過。

脆皮肥腸的外皮炸得酥脆，裡頭則肥嫩柔軟，咀嚼時油脂香氣一邊瀰漫口中，搭配九層塔獨有的香氣與胡椒粉增添的辣，令人意猶未盡。

明福最招牌的菜色就是一品佛跳牆，分爲三種不同尺寸，這次選擇了中份，有別於以往熟知的食材搭配，明福使用豬腳、松茸、銀杏、鮑魚、干貝、魚翅、荸薺等高級食材，湯頭澄澈，味道甘甜鮮美，絲毫不會太濃郁膩口，反而是清爽中又能感受到滿滿的膠質。

鮪魚香腸不同於一般市售香腸，因爲搭配鮪魚而不會油膩，肉質比較沒有那麼彈，帶有一點鮪魚獨特的香氣，非常特別。

炸魚腱酥脆又彈牙，乾爽不油膩。

紅蟳米糕是一整隻紅蟳放在米糕上頭，令人垂涎三尺，滿滿的蟹膏搭配米糕，增添不少香氣，紅蟳相當美味。

第十一道料理爲地位與價格都不輸佛跳牆的招牌菜鮑

魚糯米雞，湯頭香甜，糯米幾乎溶於湯頭中，湯頭濃稠，雞肉燉的軟嫩，可以感受到湯頭已將日月精華都集中於一碗。

甜點是芋泥球，一口咬下，外酥內軟，芋泥綿密，裡頭還有紅豆餡增添甜味，芋泥球本身也絲毫不油膩，美味可口。

用餐環境不似星級餐廳，甚至比不上一般的中高檔餐廳，有些人還需要坐高凳子，只能用現金結帳與手寫帳單，訂位透過電話，左看右看都像一家普通的海產店。價格不高，訂位不難，但只有桌菜，所以湊人大概是最大的挑戰。2018 年的第一次評鑑就摘星，到現在已經蟬聯四年，憑藉的就是頂級的臺菜料理，證明了只要夠美味，就算其他條件未達星級餐廳的標準，依然可以憑味道摘星，明福毫無疑問是臺灣最好吃的臺菜餐廳。

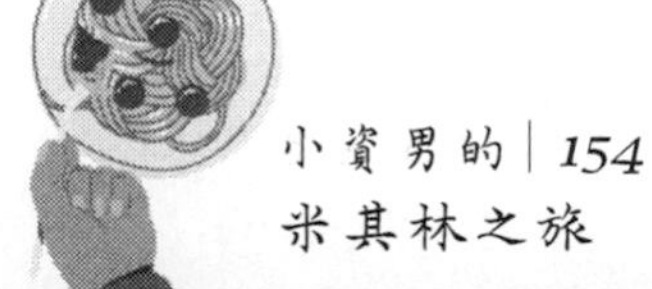

10人費用：

一品佛跳牆（中）：6,000

鮑魚糯米雞：5,300

小菜：310

紅蟳米糕：2,000

鮪魚香腸：800

野菜山蘇：600

脆皮肥腸：480

炸魚腱：680

芋泥球：300

燒烤九孔：1,100

蒜泥香蚵：600

麻油雙腰：1,400

香酥蝦捲：40*10=400

總計：19,970+10%服務費=21,967

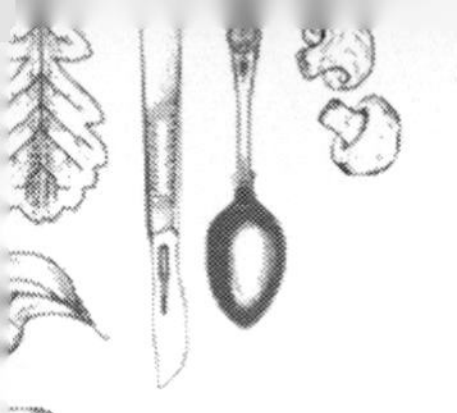

陽明春天

2021 年｜米其林綠星

2022/2/28（一）｜用餐人數：3 人

陽明山是臺北人週末消遣的好去處，除了怡人的景致還有不少環境清幽的餐廳。隱藏於陽明山菁山路旁，坐落著一間佔地千坪的餐廳「陽明春天心五藝文創園區」。在米其林 2020 開始綠星評鑑後，於 2021 年獲得米其林綠星殊榮，標榜以永續作爲理念，在道德與環保上都有其堅持，臺灣僅有兩間餐廳獲得米其林綠星，全球更是不到 300 間。

在進入餐廳前，會先經過一大綠意盎然的庭院，天氣好時陽光灑落於湖水，搭配玻璃窗的映照，令人心曠神怡，感受到園區散發出一股禪意。

進入餐廳要脫鞋，室內環境也是充滿禪意，不同座位區以微透明的竹簾區隔，可以看見賓客們若隱若現的身影，而榻榻米地板與木製桌椅和周圍中式復古擺設，融合中式與日式元素，與大自然相依，非常舒適。

有三種套餐可選，分別爲四季套餐、松露套餐與米其林綠星套餐，皆爲純素的蔬食料理。

用餐前準備了一碗洗手盅，裡頭有檸檬片與玫瑰花瓣，相當高貴，尤其在寒冷的冬天，泡上熱開水，手馬上就暖和起來。

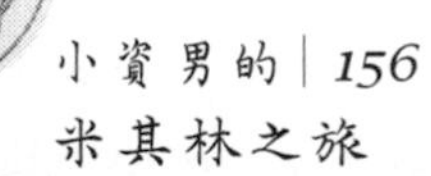

隨後是一杯熱騰騰的普洱老茶，老茶的咖啡因含量較低，喝起來舒適無負擔。

第一道料理是如藝術品一般的綠星濃湯，以綠藻和毛豆熬煮而成的青綠色湯頭，上頭有松露片、白百合與金箔！整道料理因爲乾冰而呈現雲霧繚繞狀態，湯頭本身濃稠，味道是清爽的蔬菜味，和淡淡的松露香，用來開胃相當舒適。

接著是金箔松露盛和拼盤，以一小碟子盛裝著小巧精緻的花生手工豆腐，搭配松露片、松子與金箔，後方是五顏六色的季節蔬果，有山藥製成的細麵節瓜捲、紅豆與蓮藕、紫蘇與蘋果、石蓮花與手工製的全素起司，還有一小杯水雲海藻果醋，整道餐點就是奢華版的沙拉。

第三道料理爲菌菇絲清炒百合甜豆仁，底部微爆米香，上方以松露與金箔點綴，料理口味清淡，米香則帶來層次感。

主餐是招牌猴頭菇，從料理到端上桌需經過兩至三天的川燙與處理，上頭搭配羊肚菌包裹紫蘇葉，一旁則是烤過的季節時蔬，猴頭菇口感如眞實的肉一般，彈性又扎實，搭配一旁的黑胡椒醬，令人十分滿足。

第五道爲上湯松茸煨黃耳，清澈的湯頭可以看見豐富的食材，搭配紅燒過的黃耳、椴木香菇、松茸與米粉竹笙，最後則刨上義大利進口的黑松露，湯頭濃稠。

素食佛跳牆的裡頭滿滿的餡料，如有機松茸、巴西蘑菇、羊肚菌、老菜脯與鳳梨等等，有中藥材香氣，湯頭清澈料又多，有幸福感。

精緻茶點以日式小點心搭配臺灣國寶東方美人茶，小巧可愛，可以感受其高貴與細膩，地瓜蛋糕的外觀是漂亮的青綠色圓餅狀，上頭還有一造型小花朵作爲裝飾，令人捨不得品嚐！東方美人茶可以續杯，享用完實在身心舒暢！

於位陽明山上，交通不似其他星級餐廳方便，但用餐環境也因此與大自然巧妙結合，舒適愜意，搭配素食料理，宛如隱士一般，有種超脫世俗的感覺，讓人完全放鬆心情，忘卻世間所有煩惱。擺盤極具創意，金箔更添華麗，訂位不難，屬星級餐廳中等價位，雖爲綠星，陽明春天卻是素食愛好者不可錯過的另類摘星首選。

3人費用：

綠星套餐：2,980*3=8,940

總計：8,940+10%服務費=9,834

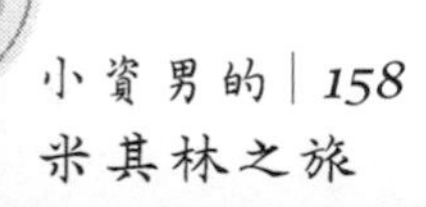

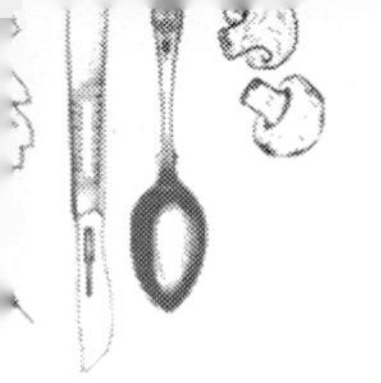

頤宮

2021 年｜米其林三星★★★

2022/3/5（六）｜用餐人數：10 人

座落於臺北車站旁的君品酒店中，有一間享負盛名的粵菜餐廳「頤宮」。是老饕們的必吃清單，因爲是米其林評鑑中，臺灣唯一的米其林三星。最大特色是宮殿一般富麗堂皇的用餐環境，還有一道道精彩絕倫的料理，讓頤宮成爲政商名流聚會、慶祝的首選餐廳。

頤宮的法文 Le Palais，即爲宮殿之意，象徵用餐氛圍與服務都可以享受到皇室般的尊榮待遇，以西方人眼中的東方世界構想，融合東、西方的藝術與文化，打造出東西交融的綺麗面貌。步入其中，可以看到各種精緻瓷器、中式古老圖騰與各種詩詞書畫，細緻的空間設計，給人一種尊絕不凡的感官享受，奢華浮誇卻不張揚。

進入隱藏在主要用餐區之後的十人包廂，再度被神秘又高級的布景驚喜到，心情愉悅的氛圍下，用餐體驗一定不會差！

首先送上熱茶與幾道招待的小點，第一道登場的料理特製花雕黃皮雞，作法像平時吃到的醉雞，帶有濃郁的花雕酒香氣，雞肉滑嫩有彈性，還能嚐到肉質的甜與多汁，調味上濃淡恰到好處。

臘味蘿蔔糕的蘿蔔甜味超足，口感細嫩，裡頭臘肉的香氣是精髓。

第三道料理是經典的頤宮叉燒皇，外觀就可以看出閃亮誘人的光澤，肉質是肥肉與瘦肉結合的稀有部位，有油脂豐富的部分，也有口感扎實之處。

鮑魚雞肉燒賣上頭眞的有一顆小鮑魚，高級精緻，看上去特別療癒可愛。一口咬下，雞肉的鮮甜與鮑魚的香氣一湧而出，口感 Q 彈飽滿，燒賣的皮也不會太搶戲，異常美味。

超級重頭戲是火焰片皮鴨，或多或少都有在網路上看到這噱頭十足、燃燒著火焰的烤鴨照片，將酒沿著鴨身淋下，火焰瞬間燃起而稍縱卽逝，親臨現場感受更震撼！

片皮鴨做成四吃，分別爲烤鴨捲餅雙拼、烤鴨腿、燒臘芋頭米粉湯與七彩鴨絲。捲餅分爲兩種，有蔬菜餅皮與原味餅皮搭配鴨皮與鴨肉，可以完全品嚐到片皮鴨酥脆的外皮，原味捲餅的鴨肉也是肥而不膩。烤鴨腿則是可以直接品嚐鴨肉的口感與味道，蘸上梅汁醬提味後更加香甜可口。

接著是用僅出生 26~28 天的小鴨料理而成的先知鴨，作成二吃分爲烤鴨肉與避風塘先鴨架，一聽到這鴨年紀居然那麼輕，不免有點傷感，但不得不說肉質細緻，更爲鮮嫩。

七彩鴨絲是將剩餘的鴨肉下去炒青椒、蒜等，香甜可口，剛好來點蔬菜更解膩。

雞火豆腐絲則是一道相當考驗主廚刀工的菜色，以百頁豆腐、火腿與雞肉切絲後，放入炒鍋以雞高湯與豬高湯底

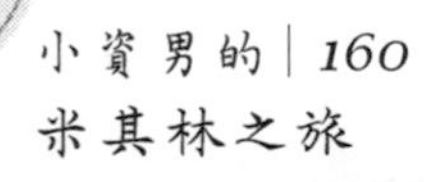

拌炒勾芡而成，雞肉的香氣滲透入整道料理，豆腐則帶來彈嫩的口感，香氣十足。

接著是春風得意腸，聽其名可能很難聯想，其實就是港式料理中的經典菜色腸粉，餅皮裡頭塞滿餡料，以油條碎片包裹蝦肉，因此在柔軟外皮內，又有酥脆的口感，最後是蝦仁的彈，口感細緻、層次豐富，絲毫不油膩。

第九道是陳醋五花骨，使用大陸四大名醋之一的鎮江醋，搭配上臺灣梅林辣醬油調和成完美比例的陳醋醬汁，豬肉則是使用五花肉部位，有些像排骨卻不帶骨頭，肉質比例爲三分肥肉、七分瘦肉，外層因炸過而口感酥脆，肉質厚實飽滿，醬汁酸酸甜甜，帶有濃郁醋香。

接著是先知鴨的第二種吃法避風塘先鴨架，以避風塘作法將剩餘鴨架拌炒一起，味道香、辣、鹹，適合做爲下酒菜。

沙母炒糯米飯的擺盤華麗，可以看到一整隻的大螃蟹，分裝之後，米飯粒粒分明，帶有濃郁的螃蟹香氣，沙母還帶有蟹卵，實在是太美味！

四季蔬菜爲清炒茼蒿菜，口感清爽，帶有特別的香氣，還能降火氣。

片皮鴨的最後一種吃法是燒臘芋頭米粉湯，湯頭濃郁，有芋頭也有燒臘的香，米粉細嫩卻不過於軟爛，保有恰到好處的彈性，湯頭料多實在。

甜點是炸豆腐奶，平時看照片看不出個所以然，吃下去才驚覺這美味完全出乎意料之外，薄脆的餅皮裡頭是熱騰騰的起司，外面甜甜的，裡面則是乳酪濃郁的鹹！

爆漿芝麻球不同於以往吃到的，外皮輕而易舉就咬開，酥脆中帶有彈性，裡頭芝麻餡一湧而出，燙口卻令人無法招架的流心芝麻，甜美而香濃。

接著是招待壽星的壽桃，不同於一般紅豆內餡，而是使用綠豆沙，外觀精緻美麗之外，味道清爽又香甜。

來頤宮用餐，就像是一場視覺與味覺的雙重饗宴。世界上僅有不到二百家的米其林三星餐廳，平均一個國家不到一間。身爲臺灣唯一的三星餐廳，頤宮除了是政商名流的最愛之外，同時也被各界用放大鏡檢視是否眞具有三星的資格。比起二星的請客樓，頤宮的服務更加細膩，用餐環境更加講究。比起套餐式的 RAW 與 logy，頤宮提供了數種套餐與接近海量的單點菜色，幾乎沒有雷菜的存在，更遑論還有多道被譽爲臺灣最美味的料理。比起訂不到位的鮨天本，頤宮提供適合少人的精緻菜色可選擇，多人有包廂可吃大菜，甚至有 20 人一桌的超豪華包廂。雖非道道菜色皆經典，卻幾乎讓人無可挑剔。頤宮在用餐環境、訂位難度、菜色種類、價位高低、用餐人數，全都提供了兼具深度與廣度的選擇，如果說臺灣只能有一家三星餐廳，唯有頤宮。

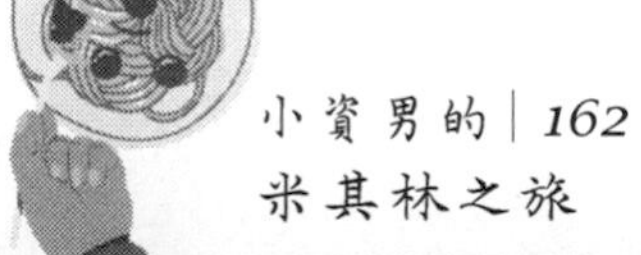

10人費用：

九零大葉青散普洱茶：1,880
頤宮叉燒皇：4,160
特製花雕黃皮雞：1,480
春風得意腸：1,160
鮑魚雞肉燒賣：1,740
臘味蘿蔔糕：760
爆漿芝麻球：1,140
炸豆腐奶：1,900
先知鴨：3,880
火焰片皮鴨：5,880
雞火豆腐絲：880
陳醋五花骨：1,470
點心加量：193
點心加量：127
青菜清炒山茼蒿：880
沙母炒糯米飯：3,960
總計：31,490+10%服務費=34,639

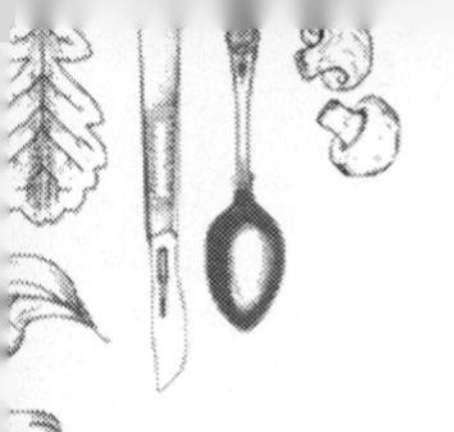

台南担仔麵

2019 年｜米其林一星★

2022/3/9（三）｜用餐人數：2 人

「台南担仔麵」是臺灣餐飲界的傳奇，創辦人許穆生從攤販起家，靠著獨家湯頭與肉燥成了華西街的知名餐廳，更神奇的是竟然得到了 2019 年的米其林一星，雖然不久後就掉星了，但仍無損其超過一甲子的榮光。千萬別被招牌的担仔麵騙了，吸引無數吃貨慕名而來的是其以獨特烹調手法料理而成的各式海產。由於店內裝潢與餐具有著歐洲宮廷的華麗風格，所以又被稱爲「華西街凡爾賽宮」或「夜市羅浮宮」。

此次爲二人用餐，點了有台南担仔麵的套餐。

首先是熱茶與毛巾，接著就是第一道料理嚴選生魚片。不像其他星級板前料理那樣精緻，擺盤就是簡單幾片生魚片放在一起，搭配白蘿蔔絲與一團芥末，就像是一般快炒店的綜合生魚片。沒想到這是有史以來最好吃的生魚片，不只鮮度十足，味道香甜，搭配芥末辛辣嗆鼻的口感，簡直有如登天一般。

接著是南瓜濃湯，裡面除了醇香的南瓜泥外，竟然還藏有鴨肝，有如豆腐般的細滑，美味可口，令人驚喜。

下一道是清蒸北寄貝，北寄貝新鮮，口感彈嫩，清蒸

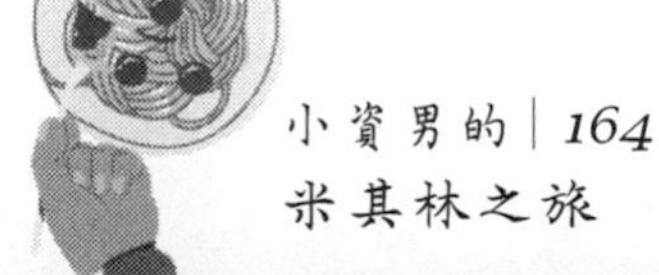

湯汁甘味，食用方法是將殼裡的食材倒入盤中，讓粉絲吸入湯汁，兼具樂趣與美味。

再來是法式焗明蝦，明蝦肥大新鮮，充滿濃郁鮮嫩的蛋香。焗烤下面藏著蒸蛋，起司柔軟，蝦的肉質 Q 彈，蝦頭帶卵，焗烤的色、香、味均達最佳美感，富有層次。

第五道是清蒸龍膽魚，龍膽魚爲石斑之王，肉質緊實彈牙，厚厚魚皮充滿膠質。爲了讓蒸魚的美味鎖在瞬間，特別設計了一套高壓蒸氣的烹飪器材，專門用來蒸魚，讓原本就很 Q 彈的肉質，更是充滿甘甜又鮮香的滋味。

下一道是炭烤松阪豬，豬肉 紋路細緻，腥味淡薄，油脂豐富，嚼感獨特，可以嚐到豬肉原始的肉質和甜，烤熟後好吃不膩口。

爲了讓客人感受其他道料理的美好，怕太早壓縮到胃的空間，主角台南担仔麵最後才粉墨登場。細細麵條搭配精心熬煮的湯頭，再來點肉燥與蝦仁，樸實簡單卻又如此迷人，濃濃的古早味與滿足感。

甜點爲焦糖布丁，糖用的不是白砂而是紅糖，下面還有松露，精巧可愛，味道香甜，作爲收尾再適合不過。

店名雖然是担仔麵，其實是高檔臺式海鮮始祖，海產全採現撈，新鮮又美味。雖處於華西街，用餐環境彷彿處在歐洲，服務細膩。價位在星級臺菜餐廳中不算低，但能將一碗担仔麵變成招牌，甚至摘星，光這一點就非常了不起。掉星之後，吸客能力下降，且隨著華西街的沒落，人潮不再，訂位相對容易。雖不再有星星的加持，依然是臺灣最頂級的海產店，光是爲了吃一碗曾經摘星的担仔麵，就一定要一訪台南担仔麵。

2人費用：

套餐：2,200*2=4,400

總計：4,400+10%服務費=4,840

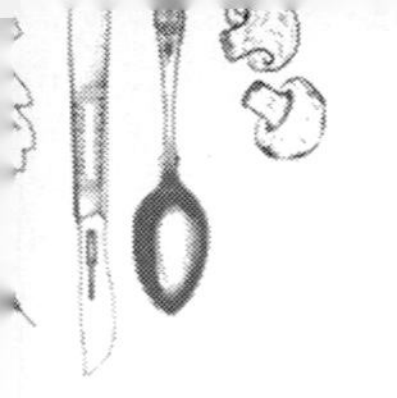

金蓬萊遵古台菜

2021 年｜米其林一星★

2022/3/12（六）｜用餐人數：12 人

位於天母東路上，早期在北投以酒家菜聞名的「金蓬萊遵古台菜」，從最初至今更迭三代，店名改了數次，已連續蟬聯四年米其林一星。店面裝潢簡潔時尚，門面風格與一般臺菜餐廳不同，保有年代感，又帶些精緻感，相當獨特，招牌處綠意盎然，陽光將樹葉的陰影投射在牆面與招牌上，別有一番風味。

當日在 12 人包廂用餐，第一道料理爲白片放山雞，油亮的外皮與鮮美的肉質，光外形就很吸引人，口感彈嫩多汁，雞肉鮮甜不過鹹，調味清爽，作爲開胃料理相當合適。

接著是經典的臺式料理古早味干貝白菜滷，白菜燉煮的軟嫩入味，配料豐富，干貝的鹹搭配白菜的清甜，相輔相成，料多實在。

明明感覺平易近人，卻是衆多饕客的必點，就是蓬萊排骨酥，選用油脂豐富度較高的豬腩排部位，連骨帶肉的肋排，肉質厚、脂肪多，先經過醃漬入味後再下鍋油炸，外酥內軟，口感彈嫩多汁，卻不會太過油膩，與平時吃到的排骨酥大不相同，的確厲害。

饕客激推的椒香肉醬皮蛋，花椒香氣濃郁，皮蛋上頭淋上滿滿的肉醬，搭配下方皮蛋，入口香氣一湧而出，口味重，非常下飯，皮蛋軟嫩，一咬即化，皮蛋腥味不會太重，伴隨肉汁與蔥的香氣，印象深刻。

第五道是紅蟳米糕，比較不同的是，店家使用白米製作的油飯，口感上比較軟嫩，調味清淡，紅蟳蟹黃濃郁，好看又好吃。

接著是西瓜綿龍虎石斑湯，自從在米香吃到龍虎斑後便對那彈嫩又細緻的口感印象深刻，決定再度品嚐不同烹調方式的龍虎斑料理，湯頭調味很重，有花椒香，帶點微辣，整體酸酸甜甜的，很像重慶酸辣魚的料理方式。

大名鼎鼎的浮誇料理，網路上最吸睛的照片莫過於海膽烏參煨麵，滿滿的海膽擺盤，光用看的就令人口水直流，搭配燉煮過的烏參、三星蔥，五顏六色的呈現上桌，實在誘人。攪拌後分盤，麵條細嫩滑順，海膽味美，烏參的口感與醬汁調味則完美契合。

香酥鴨是限量菜色，先將鴨肉浸泡在老滷二小時入味後，再以熱油酥炸，整隻鴨以外酥內軟嫩的姿態呈現，搭配特調水果沾醬、椒鹽以及手炒酸菜，酸酸甜甜的滋味中帶有椒鹽的點綴提味，尤其是那畫龍點睛的酸菜！

豬腳大腸滷雙拼裡頭有滷豬腳與滷大腸，豬腳皮 Q 彈軟嫩，滷的相當入味，大腸沒有太重的腥味。

土魠魚米粉鍋配料豐富，有土魠魚、芋頭、魷魚、米粉與蒜苗等……，湯頭味道鮮美，米粉入味有彈性，土魠魚酥則肉質飽滿。

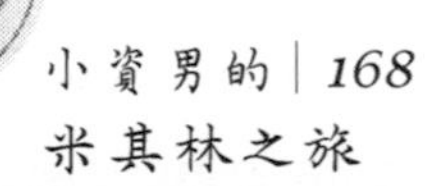

第十一道是嫩煎豬肝，除了醬汁調味香甜順口外，豬肝本身彈又嫩，且不帶任何腥味，令平時不敢吃內臟的人都吃得津津有味！

炒水蓮的口感脆又香，作爲收尾非常解膩。

甜點是香炸芋條，長條形的芋頭條裡頭藏有鹹蛋黃，芋泥香氣天然且不會過於甜膩，蛋黃味道偏淡，外酥內軟，令人欲罷不能。

與明福台菜海產並列臺北頂級臺菜餐廳，地理位置不似其他星級餐廳方便，但依然憑著硬實力吸引無數客人前來朝聖。用餐環境寬大明亮，有多個包廂提供選擇，訂位相對容易。菜色多元，有入門款式也有多道特色招牌，料理口感上有其高明獨特之處。價位在星級餐廳中偏低，服務雖不若其他星級餐廳細膩，但在臺菜餐廳中，已屬頂級水準，身爲臺灣人，一定要摘下金蓬萊遵古台菜這顆星星。

12人費用：

土魠魚米粉鍋：1,480
古早味干貝白菜滷（大）：680
白片放山雞（半）：580
炒水蓮（中）：380
椒香肉醬皮蛋：350
嫩煎豬肝：320*2=640
蓬萊排骨酥：280*4=1,120
豬腳/大腸滷雙拼：780
（湯）西瓜綿龍虎斑：1,480
香炸芋條（15條）：675
紅蟳油飯（大）：1,480
香酥鴨：1,680
海膽麵（大）：6,980
可樂：60 *4=240
總計：18,545+10%服務費=20,400

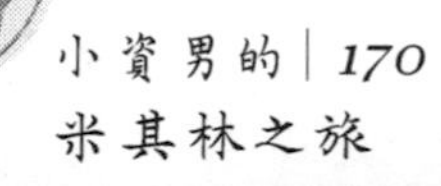

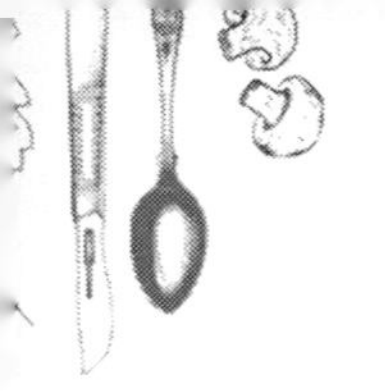

澀

2021 年｜米其林一星★

2022/3/18（五）｜用餐人數：2 人

位於臺中市區的一間法式餐廳「澀」，在 2021 年榮獲米其林一星肯定，主廚林佾華同時也獲得了「米其林年輕主廚大獎」，聲名大噪，成爲臺中預約異常困難的高級餐廳。

料理多選用臺灣在地食材，以創意手法將臺灣的現代料理發揮、呈現，菜單依據季節的不同而改變，可以感受到精心設計的料理。

餐廳風格低調簡約，以灰色爲主視覺，搭配木質元素，營造出令人放鬆的舒適氛圍，店內空間不大，僅有三張四人桌與一張二人桌，最多僅能容納 14 人用餐，寬敞舒適。

本季菜單爲「悠然」，另外點了三杯無酒精飲料佐餐。

料理上桌前，先送上第一杯調飲香片/百香果/柚花，飲料酸酸甜甜，質地清爽、香氣濃郁。

第一道料理爲干貝/玉蘭花，以口感與外觀都像水梨的豆薯包裹著干貝、蘋果晶凍，再噴上玉蘭花純露，酸酸甜甜的調味搭配微鹹的干貝，平衡得恰到好處，是酸甜清爽的開胃菜。

隨卽是鴨賞/鴨蛋/鴨心，小巧精緻，薄脆的黑色塔皮上頭是濃稠的鹹蛋黃醬，鴨賞煙燻香氣十足，整體酸酸甜甜。

隨後是自製的麵包，以豆漿發酵，烤後口感外酥內軟，非常有嚼勁，抹上一層奶油後更是驚爲天人，尤其添加蕎麥後，增添了酥脆的口感與香氣。

接著是佐餐的飲品阿薩姆紅茶/佛手柑/冬瓜，紅茶基底帶有香甜果香，好喝順口。

第三道料理是紅蝦/酸柑茶/山茼蒿，底部是以紹興酒醃漬後再經過炭烤的天使紅蝦，蝦味濃郁，含有炭香，外頭以酸柑茶晶凍包裹，一旁搭配山茼蒿冰沙，整體清爽，美味層層堆疊，絲毫不衝突。

再來是鮑魚/墨汁/XO，以墨汁做成的海苔薄片覆蓋住底部的食材，底部有白菜絲、烏魚子搭配玉米卡士達醬，類似雞蛋豆腐的口感，裡頭還有鮑魚與鮑魚汁與 XO 醬調味製成的醬料，可以吃到彈牙的鮑魚口感，還有墨魚片帶來的焦香，香氣濃郁卻不會膩口。

第五道是薩索雞/花生/黑蒜/黑芝麻，以薩索雞爲主角，搭配清酒、麵茶與珍珠薏仁，最後以蘑菇片點綴，外觀特別，有嚼勁又有薏仁香氣，雞肉的口感軟嫩，醬汁調配的非常順口。

接著是雞湯/山胡椒，是以馬告油與剝皮辣椒雞湯調味而成，顏色清澈，香氣濃郁，溫潤暖胃。

第七道爲石斑/酸菜，以新鮮的石斑魚搭配快炒皇宮菜、酸白菜與炸龍鬚菜，再佐以柚子胡椒、花椒油製成的醬汁，層次豐富且不會過於油膩，頗有中式酸菜魚的感覺，不過此次是清爽版本！

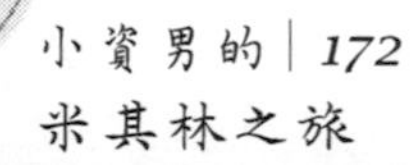

最後一杯搭配主餐的調飲是碳培烏龍/紅石榴/迷迭香，以烏龍茶作爲基底，疊上紅石榴酸甜的香氣與迷迭香獨特的氣味，茶香濃郁又增添清爽。

主餐是黑豬/羅望子，選用肥瘦比例佳的梅花肉，先以鹽麴醃漬再煎過，讓豬肉的風味更濃郁，醬汁以黃色的南瓜加小米、咖啡色的羅旺子加巧克力搭配，結合一起酸酸甜甜的。

甜點是苦茶油/松針，以苦茶油、松針製成冰淇淋，搭配檸檬奶油醬與新鮮苦茶油，香氣十足，且不會太苦，反而和抹茶類似，香中帶苦，冰淇淋甜度也不會太高，非常特別。

第十道料理爲擂茶/豆漿/穀物，以豆漿製成奶酪，搭配海鹽焦糖醬、擂茶慕斯，上頭搭配焦糖紅麥仁，帶有濃烈的中式風格，味道清爽，有類似爆米花的口感，還有焦糖搭配滑順豆漿奶酪的香甜氣味，擂茶則是畫龍點睛，構成一道美味的甜點。

最後一道是黑糖/仙草，有著可麗露造型的茶點，質地卻是有孔洞的小蛋糕，上桌前以檜木燻香，帶有煙燻香氣，口感鬆軟。當日菜單最後才登場，讓用餐的賓客既有無菜單料理的驚喜感，又有菜單可帶回留念，可謂二全其美。

不似臺中其他星級餐廳氣派，反而低調到猶如一間家庭式的咖啡店。只有四張桌子，如果只有二人訂位，也不會強迫併桌，所以會出現同時段只有四桌共八個人用餐的畫面，而這只是其他餐廳一間包廂的客人數量，難怪訂位極其困難。料理美味與創意兼具，屬中低價位，服務親切細膩，處處可以感受到主廚並非以獲利來經營餐廳，而是將心思專注於料理之上。如果硬要說溜的缺點，那就是位子真的太少了。

２人費用：

套餐：2,500*2=5,000

佐餐飲料Mocktail：700

總計：5,700+10%服務費=6,270

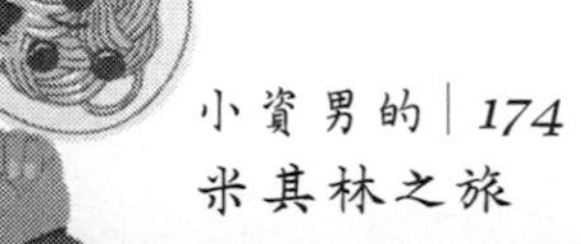

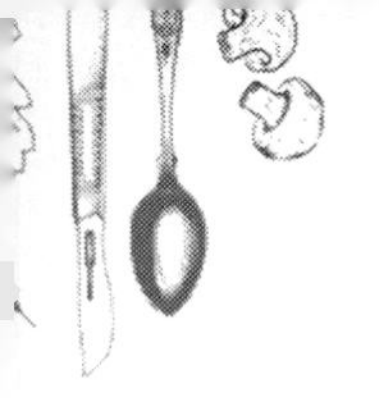

明壽司

2021 年｜米其林一星★

2022/5/10（二）｜用餐人數：3 人

隱身於中山區雙城街的巷弄中，看似低調的地理位置，其實「明壽司」開業已超過十年，以「江戶前壽司」爲其風格，採用比例一致的紅醋與白醋製作醋飯，食材多是日本直送來台，江戶前壽司最大的特色就是食材會做適度熟成。內用空間分成幾個區域，這次能吃到阿明師親自捏製的壽司，可說相當幸運，中午僅提供 3,500 元的無菜單料理。

第一道料理爲比目魚、比目魚鰭邊，搭配哇沙米與鹽之花，比目魚生魚片上頭以一朵朵紫蘇花作點綴，味道中帶有紫蘇獨特的香氣，口感彈性，鰭邊不會太過油膩，口感屬於有彈性且帶有一些肉的質地。

第二道料理爲松葉蟹、蟹膏、紫蘇花，松葉蟹的口感細緻柔軟，蟹肉鮮甜，蟹膏腥味不重，反而是濃郁的香，紫蘇花增添清爽、並有畫龍點睛之效，料理帶有溫度，與平常吃到冷的松葉蟹不同。

第三道料理爲螢烏賊茶碗蒸，肉質細嫩，一口咬下，裡頭的墨汁馬上在口中爆發，香氣瀰漫於口中，齒頰留香，裡頭的甜豆仁脆又甜，替綿密的口感中增添層次。

第四道料理爲青花魚壽司卷，海苔包裹的不是米飯，而是紅白相間的青花魚！裡頭有紫蘇葉、醃漬薑片與細蔥，外層的海苔口感酥脆，一口咬下時清脆的「咖滋」聲響，實在悅耳！青花魚的油脂香中有帶有蔥的辛辣、紫蘇的清爽、薑片的酸甜，完美交融，搭配的哇沙米格外香甜，絲毫不嗆辣。

第五道料理爲煙燻鰹魚，以表面稍微炙燒、煙燻過的鰹魚搭配蔥醬與黃芥末，嚐起來滑順軟嫩，帶有微微的煙燻香氣。

第六道料理爲鰻魚手捲，本來就脆口的海苔，搭配炙燒過的鰻魚，從裡到外都非常酥脆，一口咬下，那口感令人意猶未盡，還有醋飯與紫蘇葉，整體層次豐富美味。

第七道料理爲烏魚子，切面漂亮，外層金黃色，裡頭則是深褐色，外脆內軟，底部搭配的蘿蔔更解了烏魚子的膩，還帶出了甜味！

第八道料理爲馬頭魚，搭配蘿蔔泥，彈性又扎實，醬汁香甜可口，蘿蔔泥是風格清爽的甜，擠下檸檬之後，酸味更帶出魚肉本身的香氣，層次大大提升。

第九道料理爲蔥花鮪魚捲，酥脆的海苔，裡頭是新鮮的鮪魚與蔥，是日本料理常見的組合，有種品嚐簡單就是美味的感覺。

第十道料理爲白鮒握壽司，是本餐第一貫握壽司，顏色呈現紅白漸層，魚肉口感有彈性、刷上醬汁後帶有淡淡的鹹香，又可品嚐到魚肉本身的鮮味。

第十一道料理爲槍烏賊握壽司，單看外觀以爲是軟絲，殊不知口感很不一樣，綿密中帶有彈性，味道甘甜，上頭以

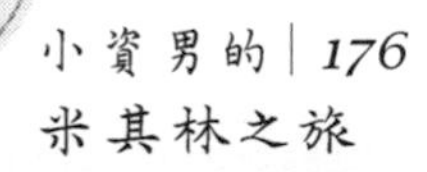

酸橘與鹽巴調味，整體一起品嚐居然有種淡淡的奶香，令人意外。

第十二道料理爲鮪魚中腹握壽司，油脂香氣中還帶有瘦肉的清爽，味道與口感恰到好處。

第十三道料理爲鮪魚肚握壽司，是油脂最豐富的大腹，油花分布均勻漂亮，入口卽化，油脂的香氣瀰漫口中，只有爽字能形容，接在中腹後頭吃，油膩感更爲突出。

第十四道料理爲赤身握壽司，是鮪魚背部的肉，油花比例最少，是三者之中最瘦的，味道淸爽又新鮮。

第十五道料理爲白燒鰻魚，與前面的鰻魚不同，調味上偏重食材的原味，皮一樣炙燒的酥脆，肉質的口感更爲綿密有彈性，帶有微微的鹹。

第十六道料理爲赤貝握壽司，顏色鮮紅，口感Q彈，帶有淡淡的紫蘇香，頓時覺得，師傅好喜歡紫蘇啊！

第十七道料理爲白蝦握壽司，口感柔軟綿密，格外香甜，清爽無負擔。

第十八道料理爲海膽軍艦壽司，冰涼香甜，一貫直接塞入口中，那香氣、綿密於口中噴發的感覺，讓人感到無比幸福。

第十九道料理爲味增湯，湯頭濃郁，卻不會過鹹，香氣十足，裡頭有菇類與蔥花，作爲餐點的收尾相當舒適。

第二十道料理爲玉子燒，綿密柔軟的質地，滋味香甜，有蛋的香氣，也有蜂蜜蛋糕的感覺。

第二十一道料理爲哈密瓜，香甜可口，相信是螞蟻人的最愛！

裝潢低調簡約，卻不失高雅。內用分成數個區塊，既能容納更多的客人，也在隱私上保有彈性。服務細膩親切，料理美味又頗具特色，分量恰到好處，用餐時間也不會過長，價位在星級壽司店中，可說相當佛心。明壽司面面俱到，最大的缺點就是訂位異常困難，雖可用電話訂位，但幾乎都只會得到令人灰心的答案，已經快變成熟客才能吃到的店，也許不久後就會變成另一家鮨天本，讓人不得其門而入。

3人費用：

無菜單料理：3,500*3=10,500

總計：10,500+10%服務費=11,550

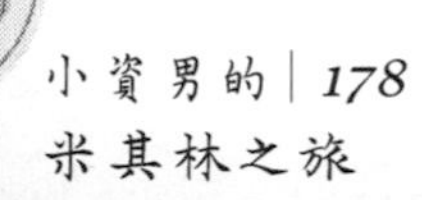

國家圖書館出版品預行編目資料

小資男的米其林之旅／童榮地著. --初版.--臺中市：白象文化事業有限公司，2022.07
面； 公分
ISBN 978-626-7151-07-5（平裝）

1.CST：餐飲業 2.CST：餐廳 3.CST：臺灣

483.8 111006236

小資男的米其林之旅

作　　者　童榮地
校　　對　童榮地、林金郎
發 行 人　張輝潭
出版發行　白象文化事業有限公司
412台中市大里區科技路1號8樓之2（台中軟體園區）
出版專線：（04）2496-5995　傳真：（04）2496-9901
401台中市東區和平街228巷44號（經銷部）
購書專線：（04）2220-8589　傳真：（04）2220-8505
專案主編　李婕
出版編印　林榮威、陳逸儒、黃麗穎、水邊、陳媁婷、李婕
設計創意　張禮南、何佳諠
經紀企劃　張輝潭、徐錦淳、廖書湘
經銷推廣　李莉吟、莊博亞、劉育姍
行銷宣傳　黃姿虹、沈若瑜
營運管理　林金郎、曾千熏
印　　刷　百通科技股份有限公司
初版一刷　2022年7月
初版二刷　2022年7月
初版三刷　2022年8月
定　　價　450元